JN017805

ランサムウェアから会社を守る

Your files are
stolen and encrypted.
The data will be published
if you do not pay the ransom.

会社を守る

LAC

佐藤敦、漆畑貴樹、武田貴寛、古川雅也、関宏介（監修）

身代金支払いの是非から事前の防御計画まで

日経BP

はじめに

ランサムウエアは身代金を要求するサイバー攻撃です。古くは1980年後期から存在していました。ウイルスが保存されたフロッピーディスクが郵送され、それに感染するとコンピューターのデータを表示できないようにして身代金を要求する、というものです。当時はまだランサムウエアという用語もサイバー攻撃という用語も存在せず、愉快犯などのいたずらが中心でした。

それが今ではたった1台の機器のメンテナンス不足がきっかけで、ビジネスの存続に影響を与えるほどの被害に遭ってしまう。そういったランサムウエア攻撃が猛威を振るうようになったのです。攻撃側もビジネスとして利益を最大にするよう仕掛けてきます。最近では名だたる企業がランサムウエア被害に遭ったとニュースに取り上げられ、多くの経営者やシステムに携わる方々も危機を感じているのではないでしょうか。

ランサムウエアに関わる書籍は、その多くが専門家向けに書かれており、専門用語が多く、決して読みやすいものではありません。本書では、ランサムウエアによるビジネスインパクトとインシデント対応時の経営判断など、会社経営に携わる人が知りたいであろう内容は可能な限り専門用語を使わないように工夫しています。また、情報システム部門で日々汗を流している方々も、どこから行動を起こしたらいいのか分かるような内容を盛り込みました。すなわちランサムウエアについて知りたい会社の経営層から現場で対応する方々までを対象に、なるべく多くの人に役立つようにと書いています。

経営層の方は「第1章 ランラムウエアは企業経営に大きな打撃を与える」をご覧になることでランサムウエア攻撃が実際に発生した場合のビジネスに対する影響について知ることができます。さらに「第2章 ランサムウエア被害に遭ったらどのような判断をするべきか」を読み進めることでランサムウエア攻撃に遭遇したときに下す判断の指針となります。

情報システム部門の実務担当の方が経営層に対して情報セキュリティー対策の重要性を訴求する際の資料としても、第1章・第2章の内容が参考となるでしょう。

CIO、CISO、CTOなど技術に携わる経営層の方は「第3章 ランサムウエア被害に遭ったらどのような技術対応をするべきか」を読み進めることでランサムウエア攻撃発生時における侵害範囲の特定、封じ込め、継続的な監視など、被害に遭ったときに実施すべき技術的対応策について網羅的に理解できます。実際に被害に遭ってしまうと、あまりにもやるべきことが多くてどこから手を付けたらいいのか判断ができなくなってしまいます。慌てず落ち着いて適切な対処を進めるための指針としてください。また、第3章で説明している対応内容を巻末に「標的型ランサムウエアチェックリスト」として掲載いたしました。万が一ランサムウエア被害に遭ってしまった際に、対応漏れがないか確認する資料としてお役立てください。

　実際に発生したランサムウエア攻撃に対処するCSIRTや情報システム部門の方は「第4章 ランサムウエアによる手口と攻撃者像」を読み進めることで発生中の侵害における攻撃者の次の一手を予測し、先回りの対処が可能となります。「第5章 ランサムウエアによる被害を抑えるには」では、防御、検知、被害の最小化などに関わる事前対策について説明していますので、これらを一つでも多く実施することでランサムウエア攻撃の発生確率や発生時の被害を大きく低減することができます。

　また、本書には四つのパートにわけて「仮想ドキュメンタリー」を載せています。ある企業がランサムウエアの被害に遭ったとして、どのように対応を進めていくか、雰囲気をつかめるようにしています。四つ目のパートでは、攻撃者グループから漏えいした情報を元に、攻撃者がどういった体制で攻撃をしているのかをイメージできるようにしました。あくまでフィクションですが、参考になれば幸いです。

　私どもラックのサイバー救急センターは、2009年に民間企業として日本ではじめてサイバー攻撃被害に関わる相談を受け付ける専門組織として設立いたしました。初動対応から原因調査など日本企業を中心にサポートさせていただいています。これまでに4000件以上の対応実績があります。

現在のランサムウエア攻撃は、標的型ランサムウエアと呼ばれる特定の組織を狙った攻撃が主流となっています。組織のコンピューターシステムに穴を開けて侵入し、組織にダメージを与えるデータを狙い撃ちにします。防ぐのが難しく、侵入された後の対処も難しくなります。

　サイバー救急センターでは、標的型ランサムウエアの被害が表面化する以前から、標的型攻撃（APT）と呼ばれる組織内部に深く侵入される事案の対処をしてきました。標的型ランサムウエアの手口は、これらに共通点が多くインシデントを対処するにあたって、その経験やノウハウが非常に役立っています。

　本書は、ランサムウエア攻撃の被害相談を受け、実際にお客様の支援にあたった専門家の知見を余すことなく公開しています。

　ランサムウエアを悪用した攻撃者の現状、システムだけでなくビジネスに対する脅威、防衛するための具体的な対策、万が一被害に遭遇した時の心得と実施すべき行動などを具体的に紹介しています。本を閉じたら読み手の立場に応じて行動を起こせる内容になっています。

　本書をきっかけにランサムウエアへの対処や防御が進み、日本からランサムウエア被害を1件でも減らせることを願っています。

2022年10月
株式会社ラック
サイバー救急センター長
関　宏介

目次 CONTENTS

第**3**章 ランサムウエア被害に遭ったら
どのような技術対応をするべきか …… 63

第5章 ランサムウエアによる被害を抑えるには ──── 165

エックス食品（仮称）

3月5日（月）　午前9時

【営業部】

「おはよう」

「週末のスキーはどうだった？」

「うん、楽しかったよ」

その日はいつもと同じように始まるはずだった。エックス食品営業部の竹下明は週明けに出社すると、パソコンの電源を入れてログインした。

業務ソフトを立ち上げて週末のECサイトの売り上げをチェックしようとしたのだが、なぜかデータが出てこない。

隣席の春木千香子に声をかけた。

「パソコンの調子が悪いのかなあ。春木さん、ちょっと売り上げ確認してくれる？」

「はい……。あれ、私のところでもダメですねえ」

「そうか、これじゃあ仕事にならないなあ。システム部は何やってるんだろう。ちょっと聞いてみるね」

【システム部】

そのころ、システム部には次から次へと、さまざまな部署から業務データにアクセスできないという問い合わせが入っていた。

システム部の磯貝秋彦がサーバーにログインすると、予想もしなかったことが起こっていた。サーバーのデスクトップ画面が今まで見たことがないものに変わっていたのだ。

「なんだこりゃ。やばいぞ」

画面の中央には大きく英語で「おまえの**重要なファイル**は全部**盗んで暗号化した**」と書かれている。試しにいくつかのファイルを開いてみようとしても開かない。フォルダーは開けるがフォルダーの中のファイルは暗号化されているらしく、中身がわからなくなっている。

「部長、大変なことが起こっています」

部長の神崎美奈をはじめ、システム部のメンバーが磯貝のパソコンに集まってきた。

「これって、ランサムウエアっていうやつでは…」

だれかがつぶやく。

「ランサムウエアって身代金を取るやつでしょ。うちみたいな小さな会社を狙う理由もないし、違うんじゃないの？」と神崎部長。

「ランサムウエアだったら身代金の要求が来るはずだし…」

磯貝はデスクトップの文章の中に「Toxメッセンジャー」でコンタクトするようにと、書いてあるのに気がついた。コンタクトするToxのIDも記されている。

「これでコンタクトすると身代金を要求されるということではないでしょうか？」

「それならコンタクトしなければ身代金の要求も来ないということか。ならこちらからコンタクトする理由がないじゃないか」と神崎部長。

「部長、それだと業務データもいつまでも見られません」

「なんとか暗号化されたファイルを元に戻せないの？」

「それができればいいですが…」

「磯貝君はまず、暗号化されているファイルがどれだけあって、どのシステムにどれだけ影響があるか調べてください。暗号化されたファイルが元に戻せないかも試してみて。それから誰かそのToxとやらで相手にコンタクトして、身代金をいくら要求するのか当たってみてください」

こうしている間にも、システム部にはさまざまな部署からじゃんじゃん電話がかかってきている。

「メールも使えないの？」と神崎部長。

「メールは外部のシステムを使っているので、少なくとも今のところは大丈夫なようです」

「ではまず、部長名義で現在システムにトラブルが起こっていること、復旧のメドは立っていないこと、当面業務システムなしで業務を進めてほしいことを社内に連絡してください。私は取締役に報告して、社長のところに行ってきます。何か進展があったら随時携帯に連絡してね」

これだけ言い残して神崎部長はあわててシステム部を出て行った。

【社長室】

渕野善久社長のところにシステム部の神崎部長が説明に来た。
「社長、実は大規模なシステム障害が起きておりまして…」
「メールは使えているようだが」
「メールは外部のシステムを使っているので大丈夫なのですが、社内のファイルサーバーに置いている基幹業務のデータなどにアクセスできません」
「それは大事だな。いつごろ復旧するんだ」
「それが、どうやらウイルスのようなもので、データが暗号化されているようでして…、まだ復旧のメドが立っていません」
「それじゃあ仕事にならないじゃないか。どうするんだ」

神崎部長の携帯電話に磯貝から着信が来た。
「どう？　復旧できそう？」
「やはり無理です。そして、身代金は40ビットコインだそうです」
「40ビットコイン？　日本円だといくらくらい？」
「現在の相場で1億円超といったところです」
「1億円！？　わかった、また進展あったら連絡ください」

渕野社長と改めて向き合う神崎部長。
「社長、これは普通のウイルスではなくランサムウエアと呼ばれるものでした。1億円超の身代金を払わないと、暗号を解除できないようです」
「1億円？　それはただごとではないな。私の一存で決められるレベルではない。臨時取締役会を招集しよう」

第 **1** 章

ランサムウエアは企業経営に大きな打撃を与える

1-1
ランサムウエアはリスクの低い誘拐

　ランサムウエアが猛威を振るっています。ランサムウエアとは、サーバーやパソコンなどのコンピューター内のデータを暗号化して使用できない状態にし、データを元に戻すことを条件に「身代金」を要求するコンピューターウイルスです。「ランサム」とは身代金のこと。そして、コンピューターウイルスのような「悪意のある」ソフトウエアのことを「マルウエア」と言います。この二つを組み合わせた造語で「ランサムウエア」と呼ばれています。

　ランサムウエアの被害に遭うと、会社の中のほぼ全てのコンピューター内のデータが暗号化されて利用できなくなるという事態に陥ります。東日本大震災などの大きな災害では、コンピューターが使えなくなった会社が多数ありましたが、それと匹敵するような非常事態です。しかもこの10数年で、スマホを含め、コンピューターはビジネスの中心的存在になっています。コンピューターが使えなくなったらビジネス全体が止まってしまうと言っても過言ではありません。

　この非常事態の中で、「コンピューターを利用可能な状態に戻したければ数百万ドルの身代金を払え、期限までに払わなければ機密情報を公開する」との要求を突き付けられるのです。

　これがあなたの会社だったら、どう対処しますか？

　ランサムウエアへの対処の仕方や被害を防ぐための準備などは、本書の中でおいおい説明していきますが、ここではランサムウエア攻撃そのものについてもう少し知っていただくために、その主要な手口を紹介します。

　まず攻撃者は狙いを定めた組織のネットワークに侵入します。侵入に成功すると、次に財務データや営業機密などの重要なデータがどこに格納されているかを調べます。それらを見つけると、そのデータを攻撃者のパソコンにコピーします。これは、その会社を脅すための「第一の人質」となります。その後、ランサムウエアを使って攻撃対象組織内のあらゆるデータを暗号化して利用不可能にします。暗号化されたデータは攻撃者が持っている「鍵」がないと元に戻せません。これを「第二の人質」とします。

　近年の攻撃手口は、このような二つの人質を使った「二重脅迫 (二重恐喝)」と呼ばれます。窃取したデータの一部をサンプルとして発信元の特定が困難なインターネット上のアンダーグラウンドの領域 (ダークウェブと呼ばれます) に公開し、本物のデータを窃取して保持していることを示した上で身代金を要求してきます。

　攻撃者の要求は以下のようなものです。

- ・身代金を支払えば、暗号化したデータを元に戻す(復号)するための鍵を渡す
- ・身代金を支払わなければ、窃取した機密情報の全てをダークウェブ上で公開する

　姿を見せることなく2つの人質を取ることができるため、ランサムウエアによるデータの「誘拐」は、攻撃者にとっては非常にリスクの低い誘拐と言えます。

1-2 ランサムウエアで国民の生活にも被害

　ランサムウエアによる攻撃で多くの組織が被害を受けています。被害金額も非常に大きく、中には我々の日常生活を脅かすようなものもあります。二つの例を挙げましょう。

1-2-1 米国大手石油パイプライン企業

　2021年5月、米国の大手石油移送パイプライン企業がランサムウエア被害を受け、約1週間の操業停止を余儀なくされました。このパイプラインは全長8850キロにおよぶ米東海岸の燃料消費量の半分近くを輸送するため、操業停止の影響は非常に大きく、米運輸省はトラックによる石油輸送を拡大する緊急許可を出す対応を行いました。しかし、輸送量不足により複数の州でガソリン不足の状態となり、国民の生活にも影響が出る事態となりました。なお、パイプライン企業のCEOは440万ドルの身代金を払ったことを認めています。

1-2-2 日本国内町立病院

　2021年10月、四国の町立病院がランサムウエア被害を受け、電子カルテシステムなどが暗号化の影響で利用できない状態となりました。電子カルテシステムと連動する会計システムなども使えなくなり、事務作業は手作業になりました。この影響で病院は救急や新規患者の受け入れを中止し、手術も可能な限り延期するなど機能がほぼ停止し、地域の医療に大きな影響が出ました。なお、この病院は身代金を支払わない選択をし、システムを再構築しました。診療体制を元に戻すのに約2カ月、システムの構築費用に約2億円かかりました。

　このようにガソリンや医療体制といった社会インフラにも、ランサムウエアで被害が生じています。また、身代金を払うにしろ、払わないにしろ、どちらにしても被害を受けた企業や組織に大きな爪痕を残しています。ランサムウエアは、あらゆる人にとって無関係ではなくなってきているのです。そして、ひとたび被害に遭ってしまったら、大きな影響は避けられません。

　地震などの大きな自然災害が起こった場合に企業や組織が損害をどのように最小限に抑えて事業を継続するか、その手段や行動計画などを定めた事業継続計画（BCP）を作っている会社は次第に増えています。今やその中にランサムウエアなどのITセキュリティーの脅威も入れていかないといけない時代なのです。自然災害よりもITセキュリティーの方が実際に被害に遭う可能性も高く、今後の企業活動において無視してはいけない脅威になっています。

1-3
日本の被害状況〜半年で被害は倍増

　実際に、日本においてもランサムウエア被害は急増しています。イヴァンティが2021年7月に公開した「コロナ禍におけるサイバー攻撃に関する実態調査」[1]には次のように書かれています。

　1年以内に自社がランサムウェアの被害にあったと回答した人の割合は、オーストラリア/ニュージーランドが93%と特出して多く、日本は53%という結果となりました。組織を狙ったランサムウェアの攻撃が増加していると思いますか？との問いには、日本を除く調査対象国で88%、日本では100%の人が「増加している」と回答しました。

　このように、日本においてランサムウエアの被害に遭ったと回答した割合は半数にも上り、ランサムウエア攻撃の増加を感じている人は100%という驚きの結果になっています。

1-3-1 ランサムウエアは最大の脅威

　情報処理推進機構が2022年5月に公開した「情報セキュリティ10大脅威2022」(**図表1-1**)[2]でも、組織に対する最大の脅威は「ランサムウエアによる被害」となっています。2021年もランサムウエアが最大の脅威であり、2年連続の1位です。1位以外でも、2位「標的型攻撃による機密情報の窃取」、3位「サプライチェーンの弱点を悪用した攻撃」や4位「テレワーク等のニューノーマルな働き方を狙った攻撃」、どれもランサムウエア攻撃に使用される手口であり、ランサムウエアと無関係ではありません。結局1位から4位までランサムウエアに関連する脅威が占めており、その脅威が増している様子がうかがえます。

　ランキングの推移で見ると、2016年には個人を対象とするランサムウエア被害が2位となっていましたが2019年には9位まで下がっています。一方で、2018年から組織を対象とする被害が増加しており、標的が個人から組織に変化していることが分かります(**図表1-2**)。このランキングは、情報セキュリティー分野の研究者および企業の実務担当者など約150名のメンバーで審議・投票を行い決定しており、日本における実情を示していると考えられます。

　初期の個人を狙ったランサムウエアは、ウイルスをメールに添付して不特定多数に送り付けるといった手口が一般的でした。それが、標的が組織に移ったことで、最初からターゲットを絞って、組織やそのネットワークの弱点などを調べた上で攻撃を仕掛けるように変わってきています。行き当たりばったりの被害に遭うことは少なくなったかもしれませんが、攻撃を仕掛けられたときに

実際の被害につながる危険は大きくなっています。

　「うちの会社は狙われるような資産もないし、世間にも知られていないから大丈夫だよ」と考えるのは早計です。そういう会社であっても見つけられて攻撃を受けているのがランサムウエアの現状なのです。

　例えば、警察庁が2022年4月に公開した「令和3年におけるサイバー空間をめぐる脅威の情勢等について」によると、被害を受けた組織146件の規模別内訳は、大企業34％、中小企業54％となっています（**図表1-3**）。高額な身代金を期待できる大企業のみを攻撃対象としているわけではなく、企業規模を問わず攻撃対象になっていることが分かります。

図表1-1　情報セキュリティ10大脅威2022脅威ランキング
出典：情報セキュリティ10大脅威 2022

昨年順位	個人	順位	組織	昨年順位
2位	フィッシングによる個人情報等の詐取	1位	ランサムウェアによる被害	1位
3位	ネット上の誹謗・中傷・デマ	2位	標的型攻撃による機密情報の窃取	2位
4位	メールやSMS等を使った脅迫・詐欺の手口による金銭要求	3位	サプライチェーンの弱点を悪用した攻撃	4位
5位	クレジットカード情報の不正利用	4位	テレワーク等のニューノーマルな働き方を狙った攻撃	3位
1位	スマホ決済の不正利用	5位	内部不正による情報漏えい	6位
8位	偽警告によるインターネット詐欺	6位	脆弱性対策情報の公開に伴う悪用増加	10位
9位	不正アプリによるスマートフォン利用者への被害	7位	修正プログラムの公開前を狙う攻撃（ゼロデイ攻撃）	NEW
7位	インターネット上のサービスからの個人情報の窃取	8位	ビジネスメール詐欺による金銭被害	5位
6位	インターネットバンキングの不正利用	9位	予期せぬIT基盤の障害に伴う業務停止	7位
10位	インターネット上のサービスへの不正ログイン	10位	不注意による情報漏えい等の被害	9位

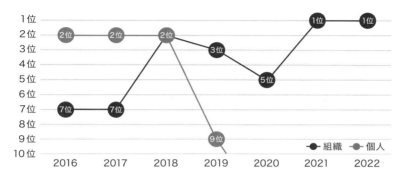

図表1-2　情報セキュリティ10大脅威 ランサムウエアのランキング推移

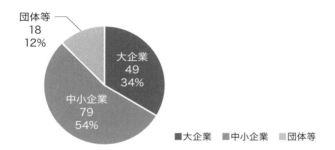

図表1-3　ランサムウエア被害の被害企業・団体等の規模別報告件数
出典：「令和3年におけるサイバー空間をめぐる脅威の情勢等について」をもとに作成

　このように、ランサムウエアが組織にとって最大の脅威と認識されるように
なり、警察庁も2021年からランサムウエア被害の統計情報を取り始めました。
上記調査で2021年の都道府県警察から警察庁への報告は146件でした（**図表
1-4**）。この件数は、警察への被害届または被害相談の件数であるため、実際の
被害はこれよりもずっと多いはずですが、被害の増減傾向を読み取ることはで
きます。2020年下半期から2021年下半期までを平均してみると日本における
ランサムウエア被害は倍増に近いペースで増加しているのが分かります。

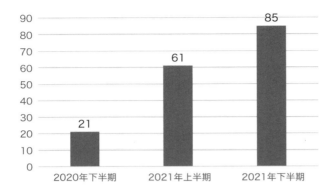

図表1-4　企業・団体等におけるランサムウエア被害の報告件数の推移
出典：「令和3年におけるサイバー空間をめぐる脅威の情勢等について」をもとに作成

　手口を確認できた被害97件のうち、8割以上が最初の例に挙げた二重恐喝（窃取したデータを公開するとの恐喝を含む）の手口です（**図表1-5**）。これは、単純にデータを暗号化して身代金を要求した場合に比べ、窃取した機密データを公開すると脅した場合の方が身代金を支払うケースが多くなったため、攻撃者は二重恐喝を利用するようになったと考えられます。

　また、支払いを要求された場合の支払い方法の9割以上が暗号資産によるものとなっています（**図表1-6**）。ビットコインなどの暗号資産は保有者の身元を特定することが困難で攻撃者に都合のよい支払い方法であるため、身代金の支払い方法に多く指定されています。

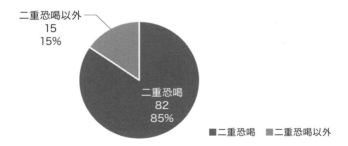

図表1-5　ランサムウエア被害の手口別報告件数
出典：「令和3年におけるサイバー空間をめぐる脅威の情勢等について」をもとに作成

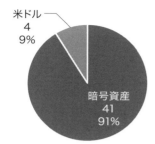

図表1-6 要求された金銭支払い方法別報告件数
出典：「令和３年におけるサイバー空間をめぐる脅威の情勢等について」をもとに作成

1-3-2 業種別の被害状況

　前述のとおり、近年のランサムウエア攻撃者は、リークサイトと呼ばれるダークウェブ上に窃取したデータの一部を公開して脅迫することが多くなっています。この攻撃者が公開したデータ件数などを分析することで、どのくらいランサムウエアによる被害が発生しているのかを把握できます。日本プライバシー認証機構が2022年1月に公開した「拡大するランサムウェアビジネス」[3]によると、2021年の日本国内被害確認事例は58件となっています（**図表1-7**）。この被害事例は、被害組織のプレスリリース、ダークウェブ上リークサイトの情報、国内外のニュースサイトなどの情報を地道に調べてまとめられている貴重な情報です。

　同レポートの2021年被害を業種別に集計したところ、製造業が最も多く、次いで流通サービス業となっています（**図表1-8**）。これらの被害組織のコンピューターが利用不可能になれば製品やサービス提供ができなくなり、多くの損害を発生させることができるため、狙われているのではないかと考えられます。

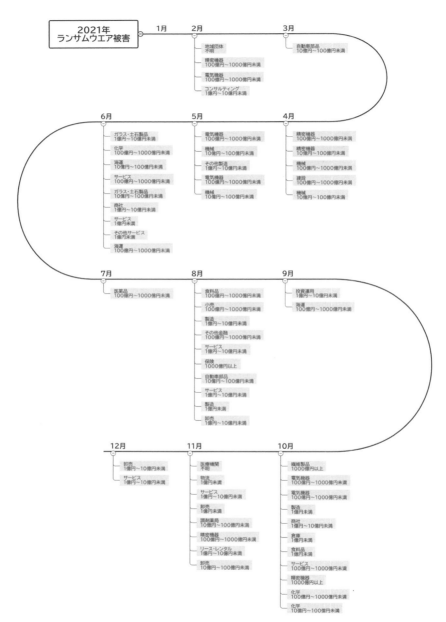

図表1-7　2021年の日本国内ランサムウエア被害確認事例と推定被害額
出典：一般社団法人日本プライバシー認証機構「拡大するランサムウェアビジネス」のデータをもと
　　に作成

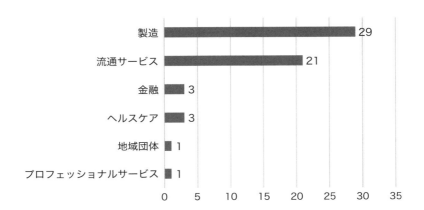

図表1-8　2021年の日本国内ランサムウエア被害確認事例（業種別）
出典：一般社団法人日本プライバシー認証機構「拡大するランサムウェアビジネス」のデータをもとに作成

1-4
標的は個人から企業にシフト

1-4-1　ばらまき型から標的型へ

　現在のランサムウエア攻撃は、組織に対して身代金を要求するものがほとんどですが、以前はコンピューターの利用者個人を攻撃対象としていました。

　ランサムウエア被害が初めて世界中で多発して新聞などでも取り上げられたのは、2017年5月ころから発生した「ワナクライ（WannaCry）」と呼ばれるランサムウエアでした。Windowsシステムの欠陥を悪用して侵入し、コンピューター内のデータを暗号化するランサムウエアで、データの暗号化を解除して復元したければ300ドル払え、3日経つと2倍の600ドルになる、7日以内に支払わないと二度と復元できなくなるなどとの脅迫文が表示されました（**図表1-9**）[4]。

　ワナクライの身代金は、2020年の平均要求額220万ドルに比べると一万分の一程度の300ドルと低額でしたが、様々な組織内で感染拡大が広がったためマスメディアでも取り上げられました。ワナクライは、社内ネットワークなどのネッ

トワークで接続された他のコンピューターに自動的に感染を広げる機能を持っていたため、瞬く間に感染が全組織に広がり大規模な被害となってしまったのです。

　ワナクライの攻撃手法は、個人利用や組織利用といった属性に関係なく、Windowsシステムの欠陥が修正されていないコンピューターを無差別に攻撃するものでした。

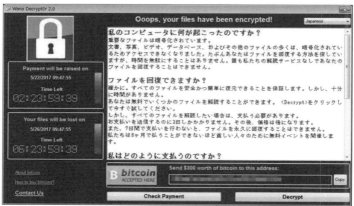

図表1-9　ワナクライの脅迫画面

　その後、2020年ころからランサムウエア攻撃者は、個人に対して数万円程度の身代金を要求するよりも、企業などの組織に対して数億円単位の身代金を要求した方が効率がよいと考え、ネットワークを介して組織内に侵入する攻撃手法を取るようになりました（**図表1-10**）。

図表1-10　ばらまき型ランサムウエアと標的型ランサムウエア

	ばらまき型ランサムウエア	標的型ランサムウエア
攻撃対象	不特定	企業などの組織
身代金要求額	数万円～数十万円	数億円～数十億円

1-4-2　攻撃者に都合のよい環境の変化

　ワナクライによる大規模な被害が発生したことでランサムウエアという言葉が一般的になりましたが、最も古いランサムウエアはワナクライ被害が発生する約30年前の1989年に存在していました。

　このランサムウエアは「エイズ」と呼ばれ、世界保健機構の会議出席者に対してエイズ情報入門編と付記したフロッピーディスクが郵送で送られる、というものでした。送付物には導入手順書も入っていて、その手順書とおりに操作するとコンピューター内のデータが非表示になり閲覧できない状態となり、データを回復したければパナマの私書箱に約200ドルを送金するようにと表示されました。

　このようにインターネットが普及する前からランサムウエアは存在していましたが、その後インターネットにコンピューターが常時繋がることが当たり前となり、攻撃者は物理的な痕跡を残すことなく被害者を脅迫できるようになりました。

　また、現在では身代金の支払いもビットコインなどの暗号資産による要求が主流ですが、これは攻撃者にとってみれば暗号資産は保有者の身元特定が困難なため都合がよいからです。以前は暗号資産は取り扱いの敷居が高いイメージがありましたが、現在では取引所を通じて容易に取引できる環境となっており、攻撃者にとって都合のいい支払い方法となっています。

　さらに、2020年からのコロナ禍による影響もあります。在宅勤務などのテレワークが急増し、テレワーク環境を構築するために自宅などから組織内のネットワークに接続するための出入口となるネットワーク機器を設置する組織も増えました。この新たに設置した出入口の設定に不備があると攻撃者の侵入を許してしまうことになります。

　また、組織内のネットワークは様々なセキュリティー対策製品を導入して、外部からの攻撃などを検知できる仕組みを取り入れている組織が多いですが、テレワークのために自宅などにパソコンを持ち出すとそれらのセキュリティー対策製品の守備対象外となり、外部からの攻撃を検知できなくなってしまいます。

　これらの様々な要因がランサムウエア攻撃者にとって都合のよい環境となり、ランサムウエアによる攻撃増加の背景となっています。

1-5 攻撃者はビジネス化した組織

1-5-1 サービス提供者と実行者の分業

　ランサムウエアの攻撃者は、どのような人物像でしょうか。高い技術スキルを持ったハッカーやクラッカーと呼ばれる人物像を思い浮かべるかもしれませんが、実際には様々なメンバーから構成されるグループにより攻撃が行われています。

　グループには、確かにハッカーのような高度な技術力を持つメンバーも関わっていますが、それ以外にも様々な役割を分担したメンバーで構成されており、中にはグループの実態を知らずアルバイトのように指示された作業を行っているメンバーも含まれています。

　このような攻撃者グループが活動を続けている背景として、技術スキルが乏しい者でも攻撃者グループへ参加できるサービスの存在があります。それは「RaaS」（ラース：Ransomware as a Service）と呼ばれるサービスで、ランサムウエア攻撃に必要なツール一式が提供されます。このサービスを利用して実際に攻撃を行う者を「アフィリエイト」と呼び、RaaSサービス提供者とアフィリエイトの関係は次のようなものです（**図表1-11**）。

① RaaSサービス提供者は、アフィリエイトに対して、攻撃用プログラム・マニュアル・サポート窓口を提供する

② アフィリエイトは、提供された攻撃用プログラムを使用して、標的とする組織内のデータを暗号化し、被害組織のパソコン画面やプリンターなどにデータを暗号化した旨と身代金交渉の連絡先を表示・印字する

③ 被害組織が身代金の支払い交渉の連絡をすると、その交渉相手はアフィリエイトではなくRaaSサービス提供者の交渉担当となる

④ 被害組織が身代金を支払った場合、アフィリエイトは身代金の70%から80%程度を受け取る

⑤ RaaSサービス提供者は、身代金の20%から30%をロイヤルティーとして受け取る

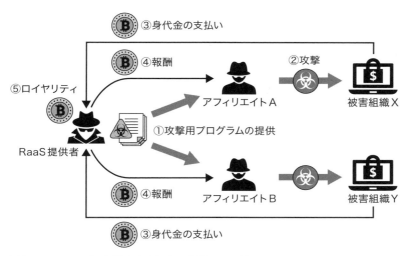

③身代金の支払い
④報酬
⑤ロイヤリティ
RaaS提供者
①攻撃用プログラムの提供
アフィリエイトA
②攻撃
被害組織X
④報酬
アフィリエイトB
被害組織Y
③身代金の支払い

図表1-11　サービス提供者と実行者の分業イメージ

　このようにアフィリエイトは、高いスキルが無くてもRaaS提供者からツールの提供や利用方法などのサポートを受けてランサムウエア攻撃を行うことができ、身代金の要求に成功すれば多額の報酬を得ることができます。一方で、RaaSサービス提供者は、自身の手を汚して攻撃を行わなくても、アフィリエイトを多数勧誘して攻撃を実行させることによりロイヤルティーを得られるため、このようなビジネスモデルが成り立っています。

1-5-2 RaaSサービス提供者

　2022年2月、RaaSサービスを提供するグループ「コンティ」の内部情報が内部メンバーからリークされ、RaaSの内部が明らかになりました。リークされた情報は、ツールの利用方法などのマニュアルやメンバー間のチャットログなどで、ロシア語などで使われるキリル文字で書かれていたため、ロシア語圏の者が主要メンバーと考えられます（**図表1-12**）。

```
↓
СУПЕРСКАЛЯРНЫЕ МИКРОПРОЦЕССОРЫ↓
↓
В суперскалярных микропроцессорах высока степень избыточности вычислительных узлов.↓
Целочисленных и вещественных АЛУ имеется несколько штук, есть блок предсказания вете
Это дает возможность разбить последовательный код на куски и выполнять его параллель

To be done↓
↓
БАРЬЕРЫ ПАМЯТИ↓
↓
Барьер памяти - это способ контроля внеочередного выполнения инструкций процессором
Внеочередное выполнение кода неинтуитивно. Код ведь должен выполняться в том порядке
Операции над не связанными явно (!) друг с другом данными могут происходить либо не
в рамках одного и того же ядра, используя массивную избыточность вычислительных узлс
Барьер памяти же (в грубом приближении) заставляет выполнить код так, как он написа
а не так как хочет процессор с компилятором (в контр-интуитивном, но более оптимальн
То есть, гарантирует, что код до барьера памяти выполнится частично либо полностью,
Барьер обычно является ассемблерной инструкцией (т.е. присутствует в системе команд
Барьер обычно является хинтом "между этими данными есть неявная связь", но необязате
↓
В C++ есть три модели памяти для атомиков:↓
1. relaxed: гарантируется только то, что операции будут выполнены атомарно. В каком
- модификация переменной "появится" в другом потоке не сразу↓
- поток thread2 "увидит" значения одной и той же переменной в том же порядке, в кото
- порядок модификаций разных переменных в потоке thread1 не сохранится в потоке thre
relaxed-переменные можно использовать как счетчики или флаги остановки.↓
Самая быстрая и самая ненадежная модель памяти.↓
Аналог из транзакционной модели СУБД - READ UNCOMMITTED↓
2. sequential consistency, seq_cst: состояние памяти синхронизируется между всеми пс
```

図表1-12　コンティからリークされたドキュメントの一部

　リークされたチャットログの分析からコンティは組織化された構成であることが分かりました。このグループは、担当ごとにチームが細分化されています。交渉、情報収集、プログラム開発、テスト、人事、サポートなどのチームから構成され、全体を管理統括する上位のグループが存在することが確認されています（**図表1-13**）。

　また、ランサムウエアによる攻撃を行っている組織であることを知っているのは、上位の管理部門メンバーと一部のメンバーだけです。新規メンバーの募集もアンダーグランドのフォーラムなどで勧誘している場合もありますが、セキュリティー企業を名乗ってIT系学部の大学生などもリクルートしています。そのため、多くの下位メンバーは、事業内容の性質から秘密裏で活動しているセキュリティー企業であるとの説明を受けています。プログラム開発を行っているメンバーの中には、そのグループのリーダーから暗号化処理方法が指定されてファイルを暗号化するプログラムを開発するようにと指示され、ランサムウエアの一部を開発していることを認識しないまま作業しているケースもあるのです。

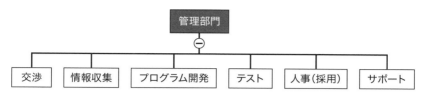

図表 1-13 コンティの組織構成

2022年5月にコンティの交渉サービスサイトが閉鎖され、その活動は終了しましたが、ランサムウエア攻撃のノウハウを持っているメンバーは他のグループに移って活動を継続しているものと考えられます。

1-6
調査・復旧に掛かる費用

不幸にもこのような攻撃者からランサムウエアによる被害を受けてしまった場合、システムを復旧して正常化するためにどれくらいの期間・費用が掛かるのでしょうか。

警察庁が2022年4月に公開した「令和3年におけるサイバー空間をめぐる脅威の情勢等について」[5]によると、ランサムウエア被害から復旧に要した期間は、1週間以内が30%と最も多くなっています。しかし、1か月～2か月、2か月以上および復旧中を合計すると46%を占めており、約半数のケースで正常な状態に回復するまでに1カ月以上必要となります（**図表1-14**）。

2021年10月に四国の町立病院がランサムウエア被害を受けたケースでも、被害原因の調査、端末の初期化対応、端末設定やネットワーク設定の見直しなどを行い、通常診療の再開までに約2カ月を要したと公表されています[6]。

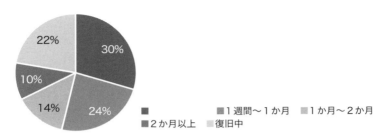

図表1-14 復旧に要した期間（有効回答数108件）
出典：「サイバー空間をめぐる脅威の情勢等」をもとに作成

　また、ランサムウエア被害に関連して要した調査・復旧費用の総額については、1000万円以上5000万円未満が35％で、5000万円以上を合わせると43％を占めています（**図表1-15**）。

　万が一ランサムウエアの被害に遭った場合、復旧に必要な費用として最低でも1000万円を見込んでおく必要があると言えるでしょう。

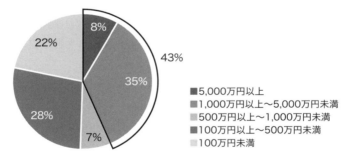

図表1-15　調査・復旧費用の総額（有効回答数97件）
出典：「令和3年におけるサイバー空間をめぐる脅威の情勢等について」をもとに作成

　犯罪者にとってランサムウエアによる攻撃は、人質を取る行為も身代金を受け取る行為も共にリスクが低く、その割に身代金として得る報酬は多額となるため、今後もしばらくは被害が減少することはないでしょう。

　ランサムウエア被害に遭ってしまうと、その復旧対応に2カ月程度の期間、復旧費用に1000万円以上が必要です。しかも、標的となる企業は大企業に限らず、中小企業も標的となっており、誰もがいつ被害者となるか分からない状況となっ

ています。

　業種・組織の大小問わず、被害に遭ってから後悔することがないように被害を最小限とする対策に取り組む必要があります。

参考文献

1）コロナ禍におけるサイバー攻撃に関する実態調査，ivanti
　https://www.ivanti.co.jp/company/press-releases/2021/phishing-ransomware-survey-japan
2）情報セキュリティ10大脅威 2022，独立行政法人情報処理推進機構（IPA）
　https://www.ipa.go.jp/security/vuln/10threats2022.html
3）拡大するランサムウェアビジネス，一般社団法人日本プライバシー認証機構
　https://www.jpac-privacy.jp/wp/
4）ランサムウェア「WannaCry」対策ガイド
　https://www.lac.co.jp/lacwatch/report/20170519_001289.html
5）令和3年におけるサイバー空間をめぐる脅威の情勢等について，警察庁
　https://www.npa.go.jp/publications/statistics/cybersecurity/data/R03_cyber_jousei.pdf
6）コンピュータウイルス感染事案有識者会議調査報告書について，徳島県つるぎ町立半田病院
　https://www.handa-hospital.jp/topics/2022/0616/index.html

仮想 ドキュメンタリー **2**

エックス食品（仮称）

3月5日（月）　正午

【臨時取締役会】

ときならぬ取締役会の招集がかかり、みな動揺が隠せない様子だ。

「今朝からのシステムの不具合の話でしょうかねえ」

「システム部の様子だと、なにかただことではないみたいだよ」

ひそひそ声の会話が会議室のそこここから聞こえてくる。

「静粛に！」

渕野社長の鶴の一声で会場は静まりかえった。

「まず、システム部の神崎部長から説明してもらおう」

「神崎です。皆様、ご迷惑をおかけしており、大変申し訳ありません。

状況を説明します。サーバーがランサムウエアという攻撃を受け、サーバーに入っているデータ・ファイルがほとんど暗号化されて見られなくなってしまいました。業務システムやECサイトのデータ、ExcelやWordのデータなどが対象となっています。

暗号化されたデータを元に戻すためには、攻撃者から暗号を解くキーを受け取る必要があります。残念ながらそれ以外に暗号化されたファイルを復元する方法はありません。

攻撃者にコンタクトしたところ、身代金として約1億円を請求されました」

「1億円…」驚きのつぶやきが漏れてくる。

「身代金はどうやって支払うんですか？」

「暗号資産のビットコインで支払うようにと来ています。正確には40ビットコインを要求されています」

「バックアップのデータとかから復元できないんですか？」

「バックアップは毎日取るようになっているのですが、バックアップしたデータも暗号化されてしまったので、それを使って復旧することはできません」

「それじゃあ意味がないじゃないか。システム部は何をやっているんだ」

「大変申し訳ありません。これまで災害対策などは考えてバックアップを取っていたのですが、今回のように攻撃を受けてバックアップまでやられてしまうことは想定していませんでした」

神崎部長は唇をかみしめた。

「個人のパソコンは大丈夫なんですか？」

「まだちゃんと確認できたわけではないのですが、週末に電源を落としてい

たパソコンは大丈夫なのではないかと思っています。ただ、ネットワーク
　につなぐと、ウイルスに感染してしまうかもしれません」
「じゃあ、パソコンをネットワークにつながないよう早く通知しないといけ
　ないのでは？」
「はい、そうですね。今すぐに連絡して通知します」

神崎部長はシステム部に電話をかけた。
「すべてのパソコンをネットワークから切り離して。ほかの部署のもね」
「メールで通知するわけにはいかないですね。どうしましょう。無線LAN
　をオフにしてしまいますか？」
「うん、それが早そうね。よろしくお願い」

質問は続く。
「個人情報が盗まれて、どこかで使われてしまうという恐れはないのですか？」
「今のところ盗まれたという証拠はありませんが、盗まれた可能性は高いです。
　ネットワークのログを調べればはっきりしたことが分かるかもしれません」
「警察に相談した方がいいのでは？」
「ランサムウエアの攻撃はほとんどの場合海外から来ているようです。警
　察による捜査で犯人が捕まったり、データが元に戻ったりといったことが、
　どれだけ期待できるかわかりませんが、相談はしてみます。それ以外に
　JPCERTという情報セキュリティー事件のサポートをする団体がありま
　すので、そちらにも報告しようと思っています」
「そこがデータを復旧してくれたりしないのですか？」
「データの復旧には暗号を解くための鍵が必要で、それがないとどこに頼ん
　でも復旧はできません。先ほど申し上げたように、鍵を得るには身代金を
　払うしかありません」
「では、そこに報告するメリットはあるのか？」
「状況の把握や今後の対策などの相談には乗ってくれるということですので、
　意味はあると思います」
「暗号化されたデータを戻すのに身代金を払うしかないのなら、そうするしか
　選択肢はないのではないか？　1億円はちょっと高すぎるような気もするが」
たたみかけるように質問が出る。
「身代金を払えば問題はすぐに解決できるんですよね？」
「暗号化の鍵が得られれば、データは全部元に戻るはずです。ただ調べたと
　ころ、身代金を払っても、正しい鍵が来ずに、データが戻らなかったケー

　スがあるようです。また、企業としてそういった犯罪組織にお金を払って
　いいのかというコンプライアンスの問題もあります」
「確かに、相手が国内ではないにしても反社会的勢力に利益供与したという
　ことが広まってしまうと大きな問題だな」と渕野社長。
「神崎さん、では身代金を支払わないとするとどうするんだ」
「その場合は、サーバーを再構築するしかありません」
「再構築とは？」
「サーバーを一回何もない状態に戻して、その上に業務システムを一から作
　り直すことです。過去のデータはありませんから、紙で残っているものな
　どを使ってデータをまた入れていくなどの作業が必要となります」
「なんてことだ…。その場合、コストと期間はどれくらいかかるのか？」
「サーバーのハードウエアはそのまま使えると仮定して、業務システムの再
　構築に数百万円といったところになると思います。期間は…3カ月くらい
　かかってしまうかもしれません」
「3カ月！？　その間、業務システムなしで仕事をするということか？」
「はい、構築が終わったソフトなどから順次使えるようにはなると思います
　が、全部が終わるまではそれくらいかかると思います」
「1億円身代金を払ってデータを復旧させるか、数百万円のコストと3カ月
　の時間を使うのか究極の選択ということか…」
「それプラス、身代金を払ってデータが戻らない場合もあり得るということ
　です」
けんけんごうごうの議論の末、身代金は払わずにデータを復旧することに決まっ
た。
「今日話し合うことはほかにありますか？」と渕野社長。
「業務データなどがなくなったことによる、取引先への対処、EC サイトの
　購入者への対処などを考えておく必要があります」
「売り掛けや買い掛けなどは、紙を使わずオンラインだけのものもあるから、
　先方に確認していかないといけないな」
「EC サイトは大きな問題です。週末分の注文などがすべてわからなくなっ
　てしまった上、顧客リストなどもなくなってしまいましたから、こちらか
　らは連絡が付けられません。サイトに表示して連絡してもらうしかなさ
　そうです。それから、クレジットカード情報を含む個人情報が盗まれてし
　まった恐れもあり、どこかでそれが公開されてしまうかもしれません。そ
　の場合、補償といった話も出てくるかもしれません」
問題の大きさと復旧までの道のりの遠さに、皆頭を抱えるばかりだった…

第 **2** 章

ランサムウエア被害に
遭ったら
どのような判断を
するべきか

2-1
対応手腕が企業の信頼に直結する

組織がランサムウエアの被害に遭ったら、どのように対応したらいいでしょうか。

まず理解していただきたいのは、これが「非常事態」だということです。平時の組織の活動とは全く異なる対応を求められます。このような非常時の対応を、ITセキュリティーの用語で「インシデント対応」と言います。本書を読んでいる多くの方は、このような状況を経験したことはないのではないかと思います。インシデント対応の経験がない中でどのように被害状況を把握し、被害から回復していくかを決定していく。大事で難しいかじ取りが必要になります。

このような非常事態で組織運営の手腕を問われるのは「対応方針の明確化」と「責任の分離と明確化」を実行できるかどうかです。初めての状況で右往左往してしまいそうになるところですが、この2点を明確にしていくことで、危機からの脱出が可能になります。

2-1-1 対応方針の明確化

インシデント対応では、平時とは組織が目指すゴールが変わります。そのため、何を目標として行動するかといった対応方針を明確にすることが重要です。

組織の対応方針には次のようなものがあります（**図表2-1**）。

- 犯人への身代金は支払わずにシステムを再構築し復旧を行う
- システム復旧を最優先するシステムは〇〇システム
- システムが復旧するまでの間は、長時間停電時を想定したBCP対策を応用し、システムを利用しない手作業による業務で対応する
- 手作業による業務継続は△△部門の範囲とし、他の部門の者は△△部門の応援に当たる

図表2-1　対応方針例

このように指針を決めた後、その実行体制を築くことになります。

インシデント対応に必要なスキルを持ったメンバーを、部署を横断して招集するなど、平時の組織体系とは異なるメンバー構成で対応することになるでしょう。

指揮命令系統を明確にすることも重要です。フラットな組織では、お互いに空気を読みながら各部門による判断で対応が進んでいくことがあります。非常時においても同様の体制だと、責任範囲が曖昧なまま各部門の判断で対応していくことになり、部門間で認識がずれる恐れが出てきます。認識のずれによって、実行した作業が無駄になり、やり直しになるケースも出てきます。このようなことを繰り返すうちに、対応がどんどん遅れていってしまいます。

サイバー攻撃に対してどのように対応したらいいか分からないという組織もあるでしょう。そのような場合は、サイバー攻撃被害ではなく、大規模災害などで停電が発生してIT機器が使えなくなった場合を想定しましょう。その想定で初動対応を考え、災害想定の事業継続計画書に沿って対応します。

それに加えて、停電時と異なる対応として、組織内で被害拡大が起こらないような対策が必要です。例えばランサムウエア被害に遭ったコンピューターの電源を落とすなどの措置を取ります。具体的な対応方法は「第3章　ランサムウエア被害に遭ったらどのような技術的対応をするべきか」で後述します。

対応方針を決めるポイントは、身代金を支払うのか・支払わないのか、復旧を優先する業務範囲はどこか、手作業による業務継続は可能かといった点になるでしょう。方針決定にあたっては、被害状況や関係会社・取引先などサプライチェーンへの影響度、緊急性、社会的使命、攻撃者の反社会性などを総合的に考慮します。そして最終的には、組織長が決断することとなります。

対応方針の検討と平行して、攻撃者がどのように侵入してランサムウエアを仕込んだのかを調べる原因調査や、再発防止対策を検討していきます。これについてはインシデント対応を専門とするセキュリティーコンサルタントに相談するのがいいでしょう。原因調査では、コンピューター内に攻撃者が残したさまざまな痕跡を調べます。これをデジタルフォレンジック調査といいますが、

専門的な知見を必要とするため、組織内の情報システム部門で対応するのは、多くの場合難しいと思います。

　可能であれば、普段から「かかりつけ医」のように相談できるセキュリティーコンサルタントと契約しておくのがベストです。そういった相談相手がいない場合は、特定非営利活動法人日本ネットワークセキュリティ協会が提供しているサイバーインシデント緊急対応企業一覧（**図表2-2**）などから相談先を見つけるのがよいでしょう。下記表の受付時間などは変更となっている場合がありますので、最新情報は日本ネットワークセキュリティ協会のホームページを確認してください。

図表2-2　サイバーインシデント緊急対応企業一覧（2022年10月時点）
出典：日本ネットワークセキュリティ協会[1]

会社名	受付時間	対応地域	相談及び見積作成
RSA Security Japan合同会社	（平日）9:00～17:30	全国・海外	無償
株式会社 網屋	（平日）9：00～18：00	全国（リモート対応含む）	無償
EY新日本有限責任監査法人	24時間	全国・海外	無償
SBテクノロジー株式会社	（平日）9:00～17:45	全国・海外（日本企業の現地法人）	無償
NRIセキュアテクノロジーズ株式会社	（平日）10:00～17:00	全国・海外	無償
エヌ・ティ・ティ・アドバンステクノロジ株式会社	（平日）9:30～17:30	全国	無償
NTTデータ先端技術株式会社	（平日）10:00～18:00	全国	無償
グローバルセキュリティエキスパート株式会社（GSX）	（平日）9:00～17:30	全国	無償
株式会社KPMG FAS	（平日）9:15～17:15	全国・海外	無償
株式会社 神戸デジタル・ラボ	（平日）10:00～18:00	関西圏（全国も可）	無償
株式会社サイバーディフェンス研究所	（平日）10:00～18:00	全国・海外	無償
株式会社SHIFT	（平日）9：00～18：00	全国	無償
情報セキュリティ株式会社	（平日）9:30～17:00	全国	無償

ストーンビートセキュリティ株式会社	（平日） 9:00〜18:00	全国	無償
セキュアワークス株式会社	24時間	全国・海外	無償
SOMPOリスクマネジメント株式会社	（平日） 9:00〜17:00	全国	無償
株式会社ディアイティ	（平日） 9:00〜18:00	全国・海外	無償
テクマトリックス株式会社	（平日） 9:00〜17:30	全国	無償
デロイトトーマツサイバー合同会社	（平日） 10:00〜17:00	全国・海外	無償・要事前相談
トレンドマイクロ株式会社	（平日） 9:00〜18:00 （受付時間外 12：00〜13：00）	全国	原則無償
日本アイ・ビー・エム株式会社	24時間	全国・海外	無償・要事前契約
日本電気株式会社	（平日） 9:00〜17:00	全国	無償・要事前契約
株式会社PFU	（平日） 9:00〜17:00	全国	無償
PwCコンサルティング合同会社	（平日） 10:00〜18:00	全国・海外	無償
株式会社日立システムズ	（平日） 9:00〜17:00	全国	無償
株式会社日立ソリューションズ	（平日） 9:00〜17:00	全国	無償・要事前契約
株式会社ブロードバンドセキュリティ	24時間	全国	無償
株式会社レオンテクノロジー	10:00〜19:00 （休業日を除く）	全国	無償
株式会社ラック	24時間	全国・海外	無償

2-1-2 責任の分離と明確化

　ランサムウエア被害に遭った組織は、事業の復旧、被害原因調査と再発防止策の検討および取引先などへの説明対応に最優先で取り組むことになります。これらの対応は全て最優先で行わなければいけないので、平行して作業する必要があります。そのため、それぞれ責任者がいて独立して動ける体制を構築することが重要です。

　例えば、IT担当の長が情報セキュリティーの責任者として被害原因調査と再発防止策検討の責任者をし、さらに被害状況を最も把握しているからとの理由で、取引先などへの説明対応もしているとします。これだと、取引先から返事や質問などの連絡があるたびに、その対応に追われてしまいます。結果として復旧に向けた方針の決定に遅れが出てしまいます。

　危機管理委員会などの危機管理体制を構築している場合は、その体制の中で被害原因調査と再発防止策の検討の責任者はCISO（最高情報セキュリティー責任者）とし、取引先や顧客に対する説明・謝罪などの責任者はCAO（最高総務責任者）とするなど役割分担を明確にすべきです。

2-2
身代金は支払うか支払わないか

　身代金を支払うかどうかは、ランサムウエアの被害に遭った組織が直面する大きな問題です。支払いに応じた場合にも応じなかった場合にもリスクが存在します。支払うか否かを決断するためには、それぞれの場合のリスクを把握しておく必要があります。

2-2-1 支払いに応じた場合のリスク

　ランサムウエア攻撃者に対して身代金を支払うことに関して、経済産業省は2020年12月18日付け「最近のサイバー攻撃の状況を踏まえた経営者への注意喚起」[2] の中で次のように示しています。

> データ公開の圧力から、攻撃者からの支払い要求に屈しているケースは少なくないとの報告は存在するが、こうした金銭の支払いは犯罪組織に対して支援を行っていることと同義であり、また、金銭を支払うことでデータ公開が止められたり、暗号化されたデータが復号されたりすることが保証されるわけではない。さらに、国によっては、こうした金銭の支払い行為がテロ等の

犯罪組織への資金提供であるとみなされ、金銭の支払いを行った企業に対して制裁が課される可能性もある。こうしたランサムウェア攻撃を助長しないようにするためにも、金銭の支払いは厳に慎むべきものである。

金銭の支払いに対する対応は、複数の視点から自社への信頼をどのように維持するか、また、犯罪助長行為として支払い行為に対する制裁を用意する国もある中でコンプライアンス上の問題にどう対応するか、ということであり、経営者が判断すべき経営問題そのものであるということを強く認識する必要がある。

経済産業省からも示されているとおり身代金の支払いは犯罪組織への支援となるため世間からバッシングを受ける可能性があります。また、支払ったからといって必ず暗号化されたデータを復元できるという保証はありません。過去の事例でも身代金を支払ったのに攻撃者グループが誠実な対応をせず復元方法を提示しないことや暗号化プログラムの不具合で示された復号方法では復元できないといった事例があることを確認しています。

Veeamによるランサムウエア被害に関する調査レポート「Veeam 2022 Ransomware Trends Report」[3] によれば

　　調査対象企業のうち、サイバー攻撃被害者の大多数（76%）は、攻撃を食い止め、データを回復するために身代金を支払っています。しかし、そのうち52%が身代金を支払ってデータを復旧できた一方で、24%は身代金を支払ってもデータを復旧できませんでした。この結果から、3分の1の確率で身代金を支払ってもデータが復旧できていないことが判明しました。

としており、身代金を支払っても3社のうち1社程度はデータが復旧できていないことになります。

また、身代金を支払った場合に「この組織は脅迫すれば身代金を払う」と認識され、再度攻撃のターゲットになる可能性もあります。ある欧州大手の民間病院はランサムウエア被害に遭って、150万ドルの身代金を支払ってデータ復旧しました。ところが、その後再びランサムウエア被害に遭い身代金を要求されたという事例があります[4]。

2-2-2 支払いに応じなかった場合のリスク

　要求された身代金の支払いに応じなかった場合、暗号化されたデータの復元はほぼ不可能になります。システムの復旧にはシステムをもう1回作り直すのと同等の期間と費用が必要となるだけではなく、ランサムウエア攻撃者に「人質」として窃取されていた情報が公開されてしまう恐れがあります。

　情報を公開された場合、例えばそこに顧客の個人情報が含まれていると、それに対する補償が必要になるでしょう。個人情報の補償は1件当たり500円から数千円程度、機微な情報を含む場合は数万円と言われています。取引先に対して補償が必要になる場合もあるでしょう。企業の最高機密のデータが公開されて、大きなダメージを受ける可能性もあります。このように情報が公開されることで組織の評判低下という側面も無視できません。

　組織内のネットワークや端末の動作ログを詳細に記録するように設定していれば、どのようなデータを窃取されたのかを特定できます。しかし、多くの組織ではそのような詳細なログを取得していないため、どのようなデータを窃取されたのかを特定することは困難です。したがって、身代金を支払わなかった場合は、最悪のケースを想定し、組織内の最高機密データも公開される可能性があることを考慮する必要があります。

　また、身代金を支払わなかった場合に、新たな脅迫手段を取るケースも確認されています。具体的には被害を受けた組織のサーバーに対して攻撃者が大量のデータを送り付けます。するとサーバーはそのデータの処理に追われて本来のサービス提供ができなくなります。これはDoS（ドス）攻撃といいます。攻撃者は身代金を支払うまでこの攻撃を続けると脅迫するわけです。

2-2-3 サイバー保険の適用

　一般社団法人日本損害保険協会のウェブサイト[5]によれば

　　ランサムウェアの被害に遭い、データの復旧のために身代金を支払った場合もサイバー保険の補償対象になりますか？
　　ランサムウェアの被害によって支払った身代金はサイバー保険の補償対象に

　なりません。

　と身代金はサイバー保険の補償対象ではないとされています。

　過去には、海外のサイバー保険では身代金も補償対象としていたケースもあったようですが、政府の要請により身代金保障を停止する措置を取り始めており、現在は補償対象外となっていることもあります。

　サイバー保険を契約している場合は約款などで補償対象を確認しましょう。

図表2-3　身代金支払いのメリットデメリット

	身代金の支払いに応じない	身代金の支払いに応じる
メリット	犯罪組織の支援につながる身代金の支払いは行わないとの姿勢を示すことができる。	攻撃者から暗号化されたデータを復号するツールを入手し早期にデータ復旧ができる可能性がある。 攻撃者による窃取された情報の公開を止めることができる可能性がある。
デメリット	システム復旧に再構築と同程度の期間を必要とする。 攻撃者に窃取された情報を公開される可能性がある。	犯罪組織に金銭を支払うことにより組織のイメージが低下する可能性がある。 身代金を支払ってもデータを復号できない可能性がある。 身代金の再要求が発生する可能性がある。 身代金はサイバー保険の補償対象ではない。

2-3
身代金を支払った事例

　ランサムウエア攻撃者に身代金を支払ったことが公になると、犯罪組織に資金提供を行ったとしてバッシングを受けるのではないかと考え、身代金を支払っても公表しない組織が多いですが、マスコミの取材により公になっている事例もあります。

2-3-1　米国食肉加工会社

　2021年5月、米国の食肉加工会社が「レビル」というランサムウエアに感染したことによりシステムが利用不可能となり業務停止に追い込まれました。その後、

適切なバックアップを行っていたことで迅速に対応でき一週間以内にシステムを復旧したと同社は発表しました。

　しかし、その後同社は攻撃者に身代金1100万ドルを支払うことにしたと発表しました。これは、システム全体を復元し盗まれたデータの流出を回避するために支払いは不可避だったとしています。

2-3-2　米国バックアップストレージベンダー

　2021年5月、米国のバックアップストレージベンダーが「コンティ」のランサムウエアに感染しました。この被害により、同社のデータベースシステムやファイルサーバーに保存されていた従業員情報や取引に関する機密情報など800ギガバイト以上が暗号化されました。攻撃者は748万ドルを当初要求していましたが、同社は攻撃者と減額交渉を行って260万ドルを支払い、攻撃者から入手したデータ復号ツールによるデータを復旧したとされています。

2-3-3　米国大手石油移送パイプライン企業

　2021年5月、米国の大手石油移送パイプライン企業が「ダークサイド」というランサムウエアに感染し、約1週間の操業停止を余儀なくされました。このパイプラインは全長8850キロにおよぶ米東海岸の燃料消費量の半分近くを輸送するため、操業停止の影響は非常に大きく米運輸省はトラックによる石油輸送を拡大する緊急許可を出す対応を行いました。同社は被害状況を確認した結果、身代金を支払わなかった場合の損害が数千万ドルに及ぶと予測し、迅速なシステム復旧を行うために440万ドルの身代金を支払いました。その後、米連邦捜査局（FBI）が支払った身代金の暗号資産ビットコインを追跡し、230万ドル相当のビットコインを回収したと発表されています。

　ランサムウエア攻撃によってビジネスの停止を余儀なくされ、データを取り戻すことができないために毎日何百万・何千万円もの損失を出すことが明らかであれば、身代金の支払いよりも復旧までに多くの損失を被ります。これらの事例では、身代金を犯罪組織に支払ったことが公になった場合に組織イメージ

の低下につながるリスクがありますが、事業継続のためには身代金の支払いはやむを得ないと判断したものと考えられます。

2-4
支払いを選択する場合の留意点

　身代金を支払うことを選んだ場合、どのような点に留意する必要があるでしょうか。

　一点目は違法性がないかの確認です。現状ではランサムウエアの身代金を支払うことを規制する法律はありませんが、米国ニューヨーク州では地方自治体などの政府機関がランサムウエアの身代金支払いに税金を使用することを禁じる法律が提案されており審議中です。身代金の支払いを規制する動きが活発となっていますので、顧問弁護士などに違法性がないかの確認を行う必要があります。

　二点目は法執行機関との連携です。「2-3　身代金を支払った事例」で紹介したとおり、FBIが身代金暗号資産の回収に成功した事例もあります。FBIでは「身代金の支払いは推奨していないが、攻撃者を捕まえるための身代金支払いはやむを得ない場合もある。身代金を支払うことを決定したかどうかにかかわらず全ての情報を提供して欲しい」[6]とのメッセージを出しており、身代金の支払いを検討している場合でも法執行機関に相談することを推奨します。

　日本の警察においては、これまで各都道府県単位で事件捜査することを基本としていましたが、2022年4月に警察庁サイバー警察局を設置し日本国内における広域捜査や国外の法執行機関との連携が迅速にできる組織となりました。今後は日本においても国外の法執行機関と連携することで、やむを得なく身代金を支払った場合でも暗号資産を回収できるようになるかもしれません。

　最後は身代金の支払い金額に関する交渉方法についてです。映画などの誘拐事件や立てこもり事件で、ネゴシエイター（交渉人）が登場し人質の解放や身代金の交渉を行う場面を見たことがあるかと思います。

　現実世界でも交渉人は存在し、ランサムウエア攻撃者との身代金交渉をインシデント対応のオプションメニューとして提供しているセキュリティー企業も

存在します。交渉人は、被害状況やデータ復旧状況を見ながら攻撃者が要求する金額が妥当でないとして減額交渉を行います。便利な交渉代行サービスですが、提供している企業の中には実態が不明瞭な企業も存在します。交渉代行サービスを利用することを検討する場合は、緊急時であっても提供企業の調査を適切に行うことが重要です。

2-5 ビジネスを復旧するには

2-5-1 システム停止時の業務継続

　様々なシステムが停止した場合、停電時と同じように手作業で事業継続することが強いられます。このような状況下では正しい情報の伝達が困難になります。

　2021年10月、四国の町立病院がランサムウエア被害を受け、電子カルテシステムなどが利用できない状態となりましたが、この病院では大規模地震による停電発生などを想定した事業継続計画（BCP）を作成し訓練も実施していました。そのため、この想定に基づき最低限の医療提供維持を継続することができたとされています[7]。

　この現場で情報を整理するために活用されていたのは、経時活動記録（クロノロジー）でした。壁に貼り付けるタイプのホワイトボードに「いつ」「誰が発信し」「誰が受け」「どのような内容であったのか」を記録し、過去の記録をすべて消さずに残していたため、過去の正しい情報を確認して判断することが可能となっていました。クロノロジーは災害対応時に情報を管理する手法で、大規模災害が発生した際に派遣された自衛隊が正確な情報収集・共有を行う際にも用いられています。

　情報を共有するためのシステムが利用できない場合などはクロノロジーを活用するのも一案です（**図表2-4**）。

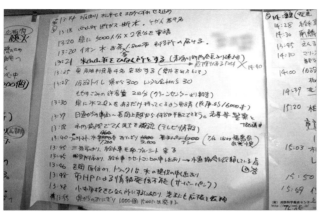

図表2-4 新潟県中越沖地震災害対策本部で作成されたクロノロジー
出典：（一財）消防防災科学センター「災害写真データベース」[8]

2-5-2 暗号化されたデータの復号

　ランサムウエア被害に遭った方から必ずいただく質問は、「暗号化されたデータを解読・復号して元に戻す方法はないか」ですが、残念ながらほとんどのケースでは復号することはできません。初期のランサムウエアは解読が容易な暗号化アルゴリズムを使用していましたが、現在のランサムウエアは非対称暗号化アルゴリズムと呼ばれる解読が困難な方法で暗号化しているため数年単位の期間をかけても解読することは困難です。

　ただし、一部の条件に当てはまる次のような場合はランサムウエアで暗号化されたデータを復号できます。

- ・ランサムウエア作成者が実装方法を間違えたため、暗号の解読が可能な場合
- ・ランサムウエア作成者が犯罪行為を後悔して復号に必要な鍵を公開した場合
- ・復号するための鍵を保管したサーバーを司法当局が押収し、その鍵を公開した場合

　これらに該当するランサムウエアかどうかは「NO MORE RANSOM」のウェブサイトで確認することができます。このサイトは、オランダ警察の全国ハイ

テク犯罪ユニット、ユーロポールの欧州サイバー犯罪センター、セキュリティー企業のカスペルスキーおよびマカフィーが主導して運用しています。暗号化されたファイルからランサムウエアの種類を特定し、そのランサムウエアの復号ツールが存在するかどうかを確認することが可能です。

図表2-5　NO MORE RANSOM [9]

2-5-3 バックアップデータの確認

　データの復号が困難な場合に利用不可能となったシステムを復旧するため、最初に確認するべきことはバックアップデータが存在するか否か、存在する場合はどの業務範囲のものがいつから存在するのかという点です。

　システムの運用設計書ではバックアップを行うことになっていて、システム導入当初は適切にバックアップが取られていても安心できません。システムのアップデートなどによる環境変化で不具合が起きていて、被害に遭った時点では数年前のバックアップデータしか残っていなかったというケースも実際にあります。

　平時に適切にバックアップが取得されていることを確認するとともに、年に1回など定期的にバックアップからの復旧試験を実施することが理想です。いざインシデントが発生して確認すると実施できていない組織が多いというのが

実情なのです。

　また、バックアップが適切に行われていた場合でも、バックアップデータがファイルサーバー上などに置かれている場合は、バックアップデータもランサムウエアにより暗号化されていることがあります。バックアップデータが保存されているサーバーなどの機器をネットワークから切り離し、被害拡大防止の措置を行うことも重要です。

2-5-4 バックアップデータがない場合の復元方法

　バックアップを意図的に取っていない場合でも Microsoft OneDrive や Dropbox などのオンラインストレージを利用している場合は、過去のデータを復元できる可能性があります。

　Microsoft OneDrive などのオンラインストレージでは、ファイルが更新されたタイミングで世代管理されているため、過去のバージョンを取り出すことができます。ファイルを選択して、暗号化される前のバージョンを選択することで容易にデータを復元できます（**図表2-6**）。

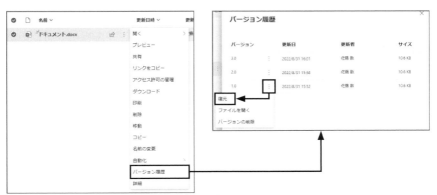

図表2-6　Microsoft OneDrive のバージョン履歴画面

2-6 取引先などへの報告と情報の公表

2-6-1 警察への相談

　警察に「被害届」を提出することは、犯人を捜査し処罰してほしいとの意思表示となります。ランサムウエアなどのサイバー攻撃被害に遭った際、犯人は外国から攻撃していて日本の警察に届け出たとしてもどうせ捕まらないから意味がないのでは、と思っている方も多いようですが、まずは各都道府県警察に設置されている「サイバー犯罪相談窓口」[10)] に電話で相談することをお勧めします。被害届を出すためには各種書類の提出が必要で時間も要しますが、相談は電話一本で行えます。警察に相談することとのメリットは、直近で類似の被害があった場合にその組織での調査内容を基に被害原因や復旧・対策方法についてアドバイスをもらえる可能性があります。被害情報は警察内部のみで共有されていることもあるため、セキュリティー企業では把握していない攻撃者に関する情報を得て再発防止策に役立てることができる可能性があります。また、ステークホルダーに対して「警察と連携している」などと前向きな説明責任が果たせるのもメリットとして考えられます。

　相談するタイミングが早すぎるということはありません。被害が発覚したタイミングで警察に相談することを検討してください。

2-6-2 監督官庁・取引先への報告

　監督官庁への報告は情報を公表する前に行うこととなるため、公表スケジュールを決定する際には監督官庁報告の日程も考慮しておく必要があります。個人情報の漏えいが確認された場合は、個人情報保護法に基づき個人情報保護委員会への報告も必要になります。

　取引先に関する情報の漏えいが確認された場合は、その取引先には速やかに報告する必要があります。その取引先にも被害が波及することを防ぐという意

味もありますし、被害に遭ったことを公表する際に、取引先の名前も同時に公表することになるのが普通です。それらを考えて、なるべく早く報告し、相談しておきましょう。

　取引先側でも情報漏えいの報告を受けると、その影響度を判断するでしょう。その判断が漏えいした組織側と異なるかもしれません。別角度での調査を実施した上で公表すべきと言われる可能性もあります。このように、調整が必要になるケースも多いので、情報の保秘を優先して公表直前に取引先へ報告するのは得策ではありません。想定していた公表タイミングから遅れる可能性もあります。

　また、情報が漏えいしていない取引先への報告も重要です。情報が漏えいしていない取引先に連絡せずに漏えいの事実を公表すると、多くの取引先から「うちの情報は漏えいしていないのか」という問い合わせが殺到します。取引先から情報がリークされる可能性もあり経営判断が必要ではありますが、影響を確認していない取引先へは事実公表の前日または当日くらいに「貴組織に影響はありませんが、これからこのような発表を行います／行いました」との報告を入れるのがよいでしょう。

2-6-3 情報の公表

　ランサムウエア被害によりシステムが使えなくなり、サービス提供の継続が困難な場合はその事実を即時に公表する必要があるでしょう。では、そこまでの被害に至らないランサムウエア被害を受けた場合、その犯罪被害を受けた組織がその事実を世間に公表する義務はあるのでしょうか。

　現状では、2022年4月1日から施行された改正個人情報保護法で、サイバー攻撃などによって個人情報の漏えいが発生した場合または発生したおそれがある場合は、個人情報保護委員会への報告義務および本人への通知義務が課せられるようになりました。ですが、個人情報以外の情報については事実公表を義務付ける法制度は見当たりません。

　しかし、被害を受けた組織の中には機微な情報が漏えいしていない場合でも、その事実を公表するケースがあります。これは将来どこかからその事実が漏れてしまった場合への予防のためでしょう。情報漏えいしていたことが漏れ、情

報漏えいを隠していたのではないかと負の情報が発信されると、組織の評判を大きく落としてしまうかもしれません。それを防ぐために、公表しているものと考えられます。ランサムウエア被害では、リークサイトやツイッターなどで攻撃者が被害組織名を公開するケースも多いため、他のサイバー攻撃と比べると、このような予防的な情報公表を行うべきと判断する組織が多いようです。

　被害事実を公表することで、問い合わせが殺到する恐れがあります。よって、社会的インパクトの大きな事案を公表する場合には、コールセンター、Q&A、マスコミ対応の準備を事前に進める必要があります。大きな注目を受ける事案の場合には、マスコミが海外支社に対して問い合わせをして内情を聞き出そうとすることもあるので、事前に対応について検討しなければなりません。

　また、被害事実を公表するためには、被害原因や影響範囲の調査が必要ですが、その調査には数週間から数カ月の期間が必要です。公表時期は調査を依頼するセキュリティー企業や顧問弁護士などと相談しながら調整する必要があります。

2-7
インシデント対応時の留意事項

　迅速かつ円滑に対応を進めるには、組織内で情報共有する方法を工夫したり、長期化に備えて体制を整備したりすることが必要です。合わせて、攻撃者にこちらの対応状況を知られないようにするための「インシデント対応情報の取り扱い」にも留意する必要があります。

2-7-1　組織内の情報共有

　一枚岩で対応を進めていくためには、組織内に被害状況や対応方針などを正確に伝達することが重要です。しかし、ランサムウエア被害に遭った場合は被害拡大防止のためインターネットとの接続を制限することが多く、電子メールなども利用できなくなる場合もあります。通常の組織内アナウンスとして利用しているシステムが停止した場合に、安否確認システムを活用することも一案

です。安否確認システムは、大規模地震などの災害時に組織が貸与した携帯電話や私物の携帯電話を利用して各個人に被害がないかを確認するものですが、このシステムを活用して被害状況のアナウンスや情報収集を行うことができます。

2-7-2 インシデント対応情報の取り扱い

被害原因調査を進めていく中で、外部から侵入された原因が明らかになり、その対処を実施していきます。その過程が報告書や会議の議事録という形で組織内に情報共有されることになりますが、これらの文書の取り扱いに留意が必要です。

過去の事例では、攻撃者が報告書や議事録の情報を閲覧して、再侵入して来るケースがありました。攻撃者がX社のサービスを悪用して侵入して来たことが分かり、当該サービスへの通信を遮断してY社のサービスのみを許可する方針とし、Y社のサービス接続にも一部制限をかけることとしました。しかし、その制限仕様が会議の議事録に記載されていたため、攻撃者はY社のサービスを悪用して再度侵入をしてきたのです。このケースでは再侵入の試行を検知できたため被害拡大には至りませんでしたが、このような状況になることも考慮する必要があります。

攻撃者を自組織のネットワークから完全に追い出したことを確認できるまでは、文書にパスワードを設定するなど容易に閲覧できないような措置を取ることが重要です。

2-7-3 長期化に備えた体制の整備

インシデント対応では、課題や対応事項が山積みになります。誰もが早く収束させようとして24時間365日働く勢いで対応しようとする傾向にあります。しかし、ランサムウエア被害から平時の状態に戻るまでには早くても一カ月程度の期間を必要とします。

これだけ長期間になると、誰かが疲れで倒れたり、疲労がたまってミスをしたりします。こういった二次的なトラブルが起こりやすくなることを皆、頭では理解していますが、だからといって対応にブレーキをかけることはなかなか

できません。非常事態でパニック状態に近い心理状態であり、計画的な行動ができなくなっているのです。こういうときほど、冷静に対応する必要があります。

　疲労困憊しダウンして休むよりは、計画的に休んでリフレッシュした方が効率的であることをメンバーに示し、対応が長期化することを見越した体制を確保することが重要です。

　交代で休むように促しても他のメンバーが働いていると休みにくい側面もあります。対応メンバー全員で同一日に休息を設けるのも一案です。

　許容する対応作業時間は1週間程度を区切りとしてフェーズを分けてルールを明示するとよいでしょう（**図表2-7**）。疲労が蓄積すると思考能力が下り与えられた作業をこなすだけになるため、定期的に実施している作業の目的を確認することも大切です。インシデントが発生すると往々にして一部の人々に仕事が集中する傾向にあります。休息できる環境を整備するには、責任や作業の分担を明確にしておくことも考慮しなければなりません。

図表2-7　運用ルールの例

参考文献

1）サイバーインシデント緊急対応企業一覧, 特定非営利活動法人日本ネットワークセキュリティ協会

　　https://www.jnsa.org/emergency_response/

2）最近のサイバー攻撃の状況を踏まえた経営者への注意喚起, 経済産業省

　　https://www.meti.go.jp/press/2020/12/20201218008/20201218008.html

3）Veeam 2022 Ransomware Trends Report,　Veeam

https://www.veeam.com/jp/news/veeam-publishes-trend-survey-report-on-cyber-security.html

4）Europe's Largest Private Hospital Operator Fresenius Hit by Ransomware

https://krebsonsecurity.com/2020/05/europes-largest-private-hospital-operator-fresenius-hit-by-ransomware/

5）サイバー保険とは，一般社団法人 日本損害保険協会

https://www.sonpo.or.jp/cyber-hoken/about/

6）High-Impact Ransomware Attacks Threaten U.S. Businesses And Organizations, Federal Bureau of Investigation, Krebs on Security

https://www.ic3.gov/Media/Y2019/PSA191002

7）コンピュータウイルス感染事案有識者会議調査報告書について，徳島県つるぎ町立半田病院

https://www.handa-hospital.jp/topics/2022/0616/index.html

8）災害写真データベース，一般財団法人 消防防災科学センター

http://www.saigaichousa-db-isad.jp/drsdb_photo/photoSearch.do

9）NO MORE RANSOM, © European Union Agency for Law Enforcement Cooperation, [2022]

https://www.nomoreransom.org/ja/index.html

10）都道府県警察本部のサイバー犯罪相談窓口一覧

https://www.npa.go.jp/cyber/soudan.html

2

仮想 ドキュメンタリー **3**

エックス食品（仮称）

3月7日（水）午前10時

【システム部】

ランサムウエアに攻撃されてから3日目、今日はセキュリティー・コンサルタントが来社することになっている。約束通りの午前10時に、彼は現れた。

> 「こんにちは、セキュリティー・コンサルタントの安原です」
>
> 「はじめまして、システム部部長の神崎です」

神崎から、これまでの状況や、取締役会で決まった「身代金は払わない」という方針について説明した。

> 「わかりました。身代金については、いろいろ悩ましいところはあると思いますが犯罪組織に身代金を支払うことはコンプライアンス面での問題もありますし賢明な判断かと思います。」
>
> 「ありがとうございます。では今日は何から始めますか？　それで、いつから普通に使えるようになりますか？」
>
> 「まあまあ、お気持ちは分かりますが、焦らないでください。まずはどこからどういう手口で侵入されたのか、どういうマルウエアを仕組まれたのかを見つけることが先決です。そこをきちんと解決しておかないと、復旧したところでまたすぐに被害に遭わないとも限りませんから。それから、これ以上被害が拡大しないようにしていきます」
>
> 「なるほど、わかりました」
>
> 「ではまず、ランサムウエアがどこから御社に入ってきたかを調べます。ネットワークは現在どういう状態になっていますか？」
>
> 「クライアントPCでの被害を防ぐため、社内LANは現在切った状態です。メールは外部のサービスを使っているので利用できますが、パソコンがネットにつなげないので、スマートフォンやタブレットを使ってインターネット経由でやり取りしてもらっている形です。社員からは早く無線LANだけでも復活してほしいと文句が殺到しています」
>
> 「不便でしょうが、被害拡大防止の観点からLANを切ったのはいい判断でしたね」
>
> 「そうですか。そうおっしゃっていただくとほっとします」
>
> 「サーバーやネットワーク機器のログはありますか？」
>
> 「はい、サーバーのログはサーバーの中に残っていると思います」
>
> 「ではそこから調べてみましょう。あ、電源は入れないでください。サーバー

上のランサムウエアが活動してしまうかもしれないので。ディスクを外して、
　　その複製を作って調べていきます」
　「いろいろ手間がかかるんですね」
　「一つでも見落としがあると、そこが穴になってしまいますから慎重さが必
　　要なんです」

ログを調べる安原。
　「VPNは使ってますか？」
　「いえ、リモート・アクセスは禁止されていますので、VPNは入れていません」
　「そうですか……　ログを見るとVPNが怪しいのですが。
もしかすると、システム・インテグレーターがメンテナンス用に入れていた
りしませんか？」
　「それは考えていなかったです。ちょっと問い合わせてみます」

数分後、
　「安原さん、おっしゃる通りでシステム・インテグレーターがVPNを使っ
　　てメンテナンスしているとのことでした」
　「ありがとうございます。そこが今のところ一番怪しいですね。それ以外に、
　　メールの添付ファイルや、ソフトのインストールでウイルスに感染して、
　　それを入り口として侵入してくることもあります。これはパソコン1台1
　　台を調べないといけません。手間がかかりますが、入り口をつきとめてそ
　　れを止めないと、またやられてしまう恐れがありますから、頑張って調べ
　　ていきましょう」

数時間後
　「今日のところはここまでにします。調べた範囲ではVPNから入られた可
　　能性が高いです。それ以外の可能性が全て排除されたわけではないので、
　　まだ決めつけることはできませんが。VPNの機能は止めました。それから、
　　外部に送信するデータを記録するログがなかったため、データが盗まれて
　　いるかどうかは確認できませんでした。ログが存在しないだけで実際に
　　は盗まれている可能性もあります。絶対に盗まれていないと断言するの
　　はほぼ不可能なのです。それはご理解ください」
　「それなら、盗まれたかどうか、どう考えたらいいですか？」
　「犯人はデータを盗んだ場合、身代金をより払わせやすくするため、盗んだデー
　　タの一部や全部を公開することがあります。ダークウェブと呼ばれるア

ンダーグラウンドのサイトもよく使われます。しばらくはそういったところをこまめにチェックするしかないですね」

「それは安原さんの方でやっていただけるのですか」

「ダークウェブを監視するサービスもありますので、明日ご紹介します」

3月8日（木）午前10時

調査の2日目が始まった。

「今日は、侵入経路の確認をさらに進めるのと、再び侵入されないための対策を進めます」

「具体的には何をするのですか？」

「メールからウイルスなどを仕込まれた形跡がないかどうか、サーバーやパソコン、ネットワーク機器の脆弱性が放置されていないかどうか、ほかに入り口がないかどうかなどを調べます。パソコンに外部から遠隔操作できるウイルスが仕込まれていないかも調べていきます」

「ほかの入り口ってどういうものですか？」

「例えば、部署で勝手にモバイルルーターを購入して、それを社内LANにつないでいるといったことです。システム部はないと思っていても、意外に出てくるものなんです」

「そうなんですか。そんなのが見つかったらショックです」

「安原さん、個々のパソコンはどうやって調べますか？」

「ネットワークにつながない状態で、セーフモードで起動してディスクの中を一台一台調べていくことになります」

「全部のパソコンを、ですか？」

「そうです」

「ちょっと気が遠くなりますね」

「確かに、大変な作業です。どんな小さな穴でも穴があったら突かれてしまうのがセキュリティーなのです。だから、隅々まで気をつけて作業しないといけません」

「やっぱり転ばぬ先のつえで、ちゃんと防御していくことが大事なんですね」

「一度破られてしまうと大変ですからね」

「がんばって作業していきましょう」

3月12日（月）午前10時

調査の4日目。金曜日はパソコンの調査で終わってしまった。安原は週末も収集したログの分析をしていたらしい。幸いなことに、これまでのところVPN以外の侵入経路は見つかっていない。

「今日から、少しずつネットにつなげられるようになります」
「そうですか。うれしいです。ランサムウエアの感染が分かってからもう1週間。社内のストレスもかなり大きくなってきています」
「といってもネットワークを完全にフリーで使えるようにするのはまだ危険なので、外部とのやり取りについてはファイアウオールで必要最低限の相手とプロトコルに絞って許可します」

その日のうちになんとか、社内ネットは復旧し、アクセス制限はあるものの、ようやく元のように仕事ができるようになった。

「安原さん、やっと終わりましたね。いろいろありがとうございました」
「一段落しましたね。でも、これで終わりにしたらまた同じことを繰り返す恐れがあります」
「え、ちゃんと穴は塞いだのにまだ侵入される場所があるんですか？」
「今すぐには大丈夫だと思います。ただ、OSの脆弱性やネットワーク機器の脆弱性、プロトコルの脆弱性など、いつ何が見つかるかわかりません。毎回きちんとセキュリティーのアップデートをかければいいですが、少しでも遅れたらその際に侵入されるかもしれません。さらには『ゼロデイ攻撃』といって、セキュリティーアップデートが出る前に脆弱性を突く攻撃が行われることもあります」
「それでは守りようがないですね。どうしたらいいんでしょう。もう私たちの手には負えません」
「入り口を完全に塞ぐことが難しくても、ネットワークに侵入してからの行為はだいたい決まってます。不審なスクリプトを入れたり、ファイルを暗号化したり……。そこで、そういった挙動を検知・ブロックする『EDR』というサービスを入れることをお薦めしています」
「スクリプトはシステム部でも作って動かすことがあります。エンドユーザー・コンピューティングなども今後進めて行くかもしれませんし。全部ブロックしてしまったら不便じゃないですか？」

「そうですね。EDRで『いい』スクリプトと『悪い』スクリプトを自動で判別するのはかなり難しいです。自社で作成したスクリプトは検知除外にするといった設定にするのが現実的でしょう。またマネージドサービスといって、そういった管理を専門の会社にやってもらう方法もあります」

「また、かなり物入りになりそうですが、被害に遭ったときの復旧までの手間やコスト、取引への悪影響などを考えたら、まだその出費の方がいいですね」

こうして、なんとか問題は一段落した。幸いなことに、個人情報などのデータがばらまかれた形跡もないようだ。営業面での損失は仕方がないで済むレベルではなかったが、会社が傾くほどには至らずに済んだようだ。何よりも、セキュリティーをおろそかにすると、社業全体に大きな影響が出ると言うことを会社のトップが理解したのは怪我の功名だった。

第 **3** 章

ランサムウエア被害に
遭ったら
どのような技術対応を
するべきか

3-1
戦う前に敵を知る

　ランサムウエアの被害に遭った後、少しでも早く対応を進めるためには、攻撃者の戦略を把握することが重要です。近年のランサムウエア攻撃は手当たり次第にランダムに行うのではなく、ターゲットになる組織のことを、使用している機器やソフトなどの技術的な面だけでなく、取引先や顧客など業務的な面にいたるまで調べてから攻撃をしかけることが多くなっています。これを標的型攻撃といい、例えば業務のメールと偽って添付ファイルを開かせるなど、より防御が難しくなり、インシデント対応も複雑になる傾向にあります。そのため、攻撃者の戦略を知り、攻撃者がどのような情報を調べ、保持している可能性があるのかといったイメージを持っておくことが重要です。

　近年のランサムウエア攻撃の手法と、ランサムウエアが実行されるまでの過程や影響の詳細は「第4章　ランサムウエアによる手口と攻撃者像」で説明します。本章では、インシデント対応を考えていく際に必要となるランサムウエアに関する事項について概観を記載します。

3-1-1 ランサムウエア攻撃の手法

　ランサムウエア攻撃は主にばらまき型ランサムウエアと標的型ランサムウエアの2手法に分類されます。

　ばらまき型ランサムウエアは、スパムメールのような形でウイルスが添付されたメールを不特定多数の組織に送り付けることで、組織に侵入する攻撃手法です。コンピューターの利用者が、受信したメールの添付ファイルを実行することで、利用者のコンピューターのファイルは暗号化されます。

　なお、添付されるウイルスは必ずしもランサムウエア本体ではなく、ランサムウエアを攻撃者が用意した基盤からダウンロードし、実行するダウンローダーと称されるウイルスの場合があります。ダウンローダーが使用される主な理由は、OS情報などのシステム情報を窃取した上で、攻撃対象のコンピューター上

で正常に動作するウイルスを確実に送り込むためと考えられます。

　一方、標的型ランサムウエアは特定の組織に標的を定め、ネットワークを介して組織内のコンピューターに侵入し、ランサムウエアを実行します。標的を定めるため、組織の事業規模や業種などから、身代金の支払いの可能性が高い組織であるか調査していると考えられています。ネットワークを介した侵入経路として、仮想プライベートネットワーク（VPN）機器や、組織内のコンピューターのリモートデスクトップ（RDP）機能などが悪用されることが多くなっています。

　これら機器を不正利用するためのアカウント情報の入手方法も様々です。ブルートフォース攻撃と呼ばれるパスワードを総当たりで順番に試して見つける方法、ダークウェブと呼ばれているアンダーグラウンドなサイト上で公開されている情報、初期アクセスブローカーと呼ばれるアカウント情報を販売している組織や個人からの購入などがあります。VPN機器などで、ソフトウエアに脆弱性がある場合もあります。そういった機器を、脆弱性をそのままにして使っていると、アカウント情報なしでも接続・侵入されてしまいます。実際に、VPN機器の脆弱性を突かれて侵入されたインシデントは数多く確認されています。

　標的型ランサムウエアによる攻撃は、組織化された攻撃グループによって実行されており、背後に国家の支援を受けている攻撃グループも存在していると考えられています。

　近年のランサムウエア攻撃は、標的型ランサムウエアが主流です。そのため、メールフィルタリング製品の導入や、不審なメールへの注意喚起といった、以前から取られていたウイルスへの対策では、ランサムウエア攻撃を防ぎきることができない状況です。

3-1-2　標的型ランサムウエア攻撃の被害

　標的型ランサムウエア攻撃による被害は、ファイルが暗号化され利用できなくなり、業務に支障が発生するだけではありません。攻撃者はランサムウエアを実行させるまでに、組織内で様々な活動をしており、その過程でファイル暗号化以外の被害も発生します（**図表3-1**）。

　攻撃者が組織内のコンピューターに侵入し、ランサムウエアを実行するまでの典型的な活動の例は次の通りです。

・セキュリティー製品の無効化やアンインストール

・侵入したコンピューターの役割や格納されているデータの調査

・暗号化前のファイル窃取

・バックアップの削除

・侵入したコンピューターを起点とした侵害拡大

・新しい侵入経路の確保

コンピューターに侵入し、ランサムウエア実行を含む悪質な活動をする中で、インストールされているセキュリティー製品は攻撃者にとって厄介者です。ウイルス対策ソフトやEDR（Endpoint Detection and Response）などのセキュリティー製品によって検知されると、攻撃失敗のみならず、自身の存在を明かしてしまいます。検知を妨害するため、セキュリティー製品の無効化やソフトウエアのアンインストールを試みます。

攻撃者は組織内のコンピューターへ侵入したとき、最初はそのコンピューターがどのような役割（ノートPC、サーバーなのかなど）を担っているのか、どのようなデータが格納されているかはわかりません。身代金を得るために利用価値のないコンピューター上でランサムウエアを実行しても、目的は達成できません。そのため、攻撃者は利用する価値のあるデータが格納されているかを把握するため、フォルダやファイルの一覧やファイルの内容を調べます。

利用価値のあるファイルを見つけた場合、すぐさまファイルを暗号化するのではなく、暗号化前のファイルを窃取します。この行動の目的は、身代金を要求する際に、身代金の支払いを行わなかったら窃取したファイルをリークサイトで公開すると脅迫するためです。いわゆる二重脅迫と呼ばれる行動です。2019年頃から観測され始め、それが主流になってきました。

ファイルを持ち出す前には、ファイル圧縮プログラムを実行し、ファイルの圧縮や分割によってファイルサイズを小さくすることがよくあります。ファイルサイズが大きいと、コマンド＆コントロール（C2）サーバーやストレージサービスへファイルを送信する際に、プロキシやファイアウオールといったネットワーク機器から異常として検知されやすくなるためです。ここで、C2サーバーとは、侵入したコンピューター内のウイルスに対する指令の送信や、攻撃に使用するウイルスを配置する攻撃基盤を指します。

　ランサムウエアの実行によってファイルを暗号化しても、バックアップからファイルを復旧できれば、身代金を得ることは難しくなります。そのため、侵入したコンピューターから探すことができるバックアップファイルの削除や暗号化を行います。

　侵入したコンピューターに利用価値のあるデータがなかった場合や、更に利用価値のあるデータを収集するために、攻撃者は組織内の別のコンピューターへ侵入を拡大します。ネットワークスキャナーというプログラムを用いて、侵入したコンピューターを起点として侵害できるコンピューターのIPアドレスやホスト名を見つけます。標的となるコンピューターを定め、そのコンピューターに侵入するには、そのコンピューターにログオンするためのアカウント情報が必要です。メモリーや設定ファイルから認証情報を取り出すようなツールを実行し、侵入拡大に利用します。

　攻撃者が組織内で活動し続ければ、いずれ攻撃者の存在は気づかれます。ファイル窃取やランサムウエア実行前に気づかれ、攻撃者を排除するための対策を実施されると、目的を達成できません。これを回避するために、攻撃者はコンピューター内にバックドアといったウイルスを仕掛け、最初の入り口が塞がれたときに新たな侵入ができるような足掛かりを構築します。

　ランサムウエア実行に至るまで、このような活動例があり、それに伴う影響が発生している可能性を念頭におき、インシデント対応していく必要があります。

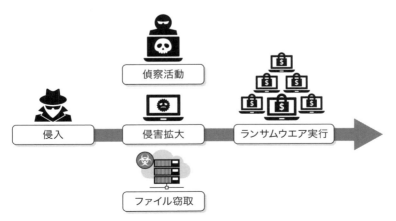

図表3-1　標的型ランサムウエアの攻撃スキーム概要

3-2
インシデント対応で
実施すること、しないこと

3-2-1 計画に沿ったインシデント対応

　インシデントが発生したら、少しでも早くシステム復旧を行い、インシデント発生前の環境に戻したくなるでしょう。しかし、目先の障害を取り除くことに集中し場当たり的な対応をすると、攻撃者の活動の痕跡や、インシデント対応で調査するときに役立つ情報を消してしまうおそれがあります。その結果、侵入された根本原因や被害状況を正確に特定できず、攻撃者が残したバックドアの利用や同じ侵入手法を取られることで、再侵入されるリスクがあります。このような事態を招くおそれのある無計画な行動は避けるべきです。

　ランサムウエア攻撃に限らずサイバー攻撃は事業継続を脅かす災害の一種と捉え、インシデント対応手順を含め事業継続計画を策定しておくことが重要です。

3-2-2 インシデント対応フェーズと目的

　ランサムウエア攻撃への対応手順を説明する前に、まず、基本となる汎用的なサイバー攻撃のインシデント対応手順を見てみましょう。汎用的なインシデント対応手順に、「3-1-2　標的型ランサムウエア攻撃の被害」で述べた攻撃者の活動や自分の組織の環境を考慮し、自分の組織に合わせたランサムウエア攻撃のインシデント対応手順を策定できます。

　サイバー攻撃のインシデント対応には様々な方法が提唱されています。これをフレームワークといいますが、どのフレームワークも主な対応フェーズは事前準備、被害拡大防止、被害範囲特定、根絶、復旧、そして教訓の6つに分類されます（**図表3-2、図表3-3**）。

　第1フェーズは「事前準備フェーズ」です。攻撃を受ける前にやっておくフェーズです。これによって、万が一攻撃を受けた場合にも、迅速なインシデント対応を行い、業務への影響を最小限に留め、安全かつ早期に通常業務を再開でき

るようにします。そのため、不審な活動を検知し、防止する体制構築を目指します。

　不審活動を検知した場合、様々な情報を合わせて調査します。そして、それが攻撃者の活動なのか、誤検知だったのかを判断します。時間がたつと組織環境は変わっていくため、体制は一度構築したら終わりではなく、定期的な見直しが必要です。詳細は「第5章 ランサムウエアによる被害を抑えるには」で説明します。

　第2フェーズは「被害拡大防止フェーズ」です。不審な活動を検知した後のインシデント対応における初動対応に位置する対応フェーズで、攻撃者の侵入経路や攻撃手口を封じ込め、被害拡大を防止します。中・長期的な対策を講じるのではなく、応急処置的な防御策を投入します。

　第3フェーズは「被害範囲特定フェーズ」です。攻撃者が侵入に使ったアカウント、侵入された機器、環境などを特定します。特定のために、被害拡大防止フェーズで得た侵害指標（Indicator of Compromise。以下、IoC）や攻撃手口（Tactics, Techniques and Procedures。以下、TTPs）といった情報を利用します。新しく特定された情報を基に、さらに被害リソース（機器、アカウント、設定）を特定します。

　第4フェーズは「根絶フェーズ」です。IoCやTTPsを基に被害を受けたリソースをクリーン化します。このフェーズが終わると、攻撃者は組織から追い出されている、といった状況を目指します。

　第5フェーズは「復旧フェーズ」です。通常業務に戻す準備を整え、攻撃者の再侵入を防止する体制を整えます。インシデント対応の中で浮かび上がったセキュリティー上の問題点を解消します。

　第6フェーズは「教訓フェーズ」です。このフェーズの目的は、インシデント対応の中で得た知見を、あらかじめ定めていたインシデント対応手順にフィードバックすることです。各フェーズを改善することで、次回のインシデント対応時により良い対応が取れるようになります。

　インシデント対応の各フェーズはサイクルプロセスの関係にあります。事前準備フェーズで分析した情報が、被害拡大防止フェーズのインプット情報になっており、以降の対応フェーズも同様の関係にあります。そして、教訓フェーズで得た新たな知見や改善点が、インシデント対応の全対応フェーズの改善に繋がります。インシデント対応を繰り返すことによって、組織のインシデント対

応能力の向上を目指します。

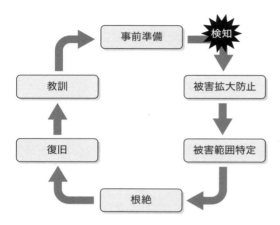

図表3-2　インシデント対応フェーズ概要

図表3-3　インシデント対応フェーズと目的

フェーズ	目的
事前準備	迅速なインシデント対応を行い、業務影響を最小限に留め、安全かつ早期に通常業務を再開できるようにする
被害拡大防止	攻撃者の侵入経路や攻撃手口を封じ込め、被害拡大を防止する
被害範囲特定	攻撃者によって侵害されたアカウント、機器、環境などを特定する
根絶	IoCやTTPsを基に被害を受けたリソース（機器、アカウント、設定）をクリーンにする
復旧	通常業務に戻す準備を整え、攻撃者の再侵入を防止する
教訓	インシデント対応の中で得た教訓を、あらかじめ定めていたインシデント対応手順にフィードバックし、全フェーズを改善する

3-2-3 インシデントに関する詳細な記録

　インシデントの状況は刻一刻と変化します。複雑な状況に対応するためにも、インシデント対応の中で確認したIoCやTTPsといった攻撃者の活動と、応急処置などの組織側の対応に関する詳細な記録を作成します（**図表3-4**）。

　全事象をタイムライン形式でまとめておくと、インシデント全体を俯瞰して見ることができ、状況把握に役立ちます。そして、各フェーズの作業効率の向上が期待できます。また、詳細な記録は外部・内部組織へ対応状況の報告が求

められる場面で役立ちます。

No.	ホスト名	OSバージョン	IPアドレス	機器情報 （設置場所・利用用途など）	セキ
例	PC1	Windows 10	172.16.0.1	X拠点X部署、業務端末	最
例	PC2	Windows 10	172.16.0.2	Y拠点Y部署、業務端末	最
例	PC3	Windows 10	172.16.0.3	Z拠点Z部署、業務端末	最
例	PC4	Windows 10	172.16.0.4	V拠点V部署、IT管理者端末	最
例	SRV1	Windows Server 2016	192.168.200.10	X拠点ファイルサーバ	最新
例	DC1	Windows Server 2016	192.168.0.10	X拠点ドメインコントローラ	最新

▶ ... | 1.APTチェックリスト | 2.遮断管理表 | 3.被害アカウント管理表 | 4.被害機器管理表 | 5.マルウェア管理表（IoC） | 6.TTP ... ⊕ ... | ◀ |

図表3-4　筆者が所属するラックのサイバー救急センターで使用している標的型攻撃のインシデント管理シートの例

3-3
応急処置をしながら
攻撃を食い止める初動対応

　初動対応の時点ではインシデントの規模は正確に把握できていません。そのため、多くの労力を費やします。被害拡大防止のため、まずは進行している攻撃を食い止めなければなりません。そのため調査で必要なデータの保全、各リソースの設定変更、応急処置を実施します。

　初動対応において、組織が置かれている状況は次の2パターンが考えられます。

（1）不審活動を検知したが、ファイル暗号化被害は未確認
（2）ファイル暗号化被害を確認済

　ファイル暗号化被害が確認されていない場合、まだランサムウエア攻撃ではなく一般的なサイバー攻撃のインシデントという扱いになります。ですが、攻撃者がランサムウエアを実行する前の準備段階なのかもしれません。例えば暗号化するファイル探索や、侵害拡大のためのネットワーク情報の収集といった偵察行為をしているかもしれません。そういった可能性を考慮し、対応を進め

ていく必要があります。ランサムウエア攻撃の準備段階だった場合、ファイル暗号化被害を阻止するために、慎重かつ迅速な対応が求められます。

　ファイル暗号化被害が確認されている状況では、攻撃者によってランサムウエアが実行されており、ファイル窃取を含め攻撃者の目的は達成している段階と考えられます。しかし、脅迫に利用するためのさらに価値のある情報を見つけるために、攻撃者が内部で活動している可能性があります。

　初動対応では調査漏れが発生しないように、ネットワーク構成図や資産管理一覧を手元に用意する必要があります。同時に、システム管理者が把握していない外部から内部へ接続可能な機器がないかの確認作業も必要です。運用・保守ベンダーが利用しているVPN機器や、携帯通信機能を持っているコンピューターなどはネットワーク構成図や資産管理一覧に記載されていないことも多いため、見落としがないか注意しなければなりません。

3-3-1 調査するデータの保全

　インシデント対応では、様々なログやコンピューター内のデータの調査を行います。インシデントを解明するためには、インシデント発生時点のデータが可能な限り正確に残っている必要があります。

　コンピューターやネットワーク機器などは様々な情報をログとして持っています。ただ、多くの場合、ログが無限に増えるのを防ぐため一定期間が経過したり、一定容量を超えたりすると古いものが削除される「ローテート」の仕組みを使います。インシデント発生時点の記録がローテートで消失する前に別途保存しておかないといけません。保存しておくログとして、OS固有の監査ログ、コンピューターに導入されている資産管理ソフトウエアやEDRのログ、ネットワーク機器のログ、各種クラウドサービスのログがあります。

　コンピューターに電源が入っている限り、バックグラウンドで動作しているOSやアプリケーションの機能によってログファイルだけでなく、ディスクの未使用だったり削除したりした領域、メモリーに上書きが発生します。これらにもインシデントにかかわる情報が残っている場合がありますが、どんどんその痕跡が消えていってしまうわけです。

　ほかにも、LANケーブルの抜線、データ取得のためのUSBメモリーの挿入、

ウイルススキャンなど、インシデント対応で実施する様々な行動によっても、データの上書きが発生します。

その結果、インシデント発生時点付近の痕跡が消えてしまい、侵害原因の特定や影響調査に大きな影響を及ぼす可能性があります。そのため、初動対応の上で、データ収集のタイミングには注意が必要です。組織に多くのコンピューターがあり、保全に時間を要する場合は優先度を決めて実施します。

特に、組織活動における重要な、あるいはインシデントと関連度の高いコンピューターについては、ログを詳細に分析するディープフォレンジック調査ができるよう、優先的に保全を実施します。コンピューターの保全方法については「3-5 調査データの収集と可視化」に後述します。

3-3-2 被害が確認されたコンピューターへの応急処置と留意点

EDRやウイルス対策ソフトなどのエンドポイントセキュリティー製品による検知や、ファイル暗号化被害などの不正痕跡が確認されたコンピューターへの応急処置として隔離を行います。まず、LANケーブルの抜線やVLANによる論理的なネットワーク隔離を検討します。ネットワーク隔離ができない場合は、電源を落とします。

ただ、電源を落とすと、メモリー情報など消えてしまう情報もあります。このようなデータを調査する必要がありそうであれば、電源を落とす前に取得します。

3-3-3 ネットワーク通信の制限

組織への侵入、ファイルの持ち出し、C2サーバーから攻撃者の指令を受信するといった活動には必ずインターネットを介したネットワーク通信が発生します。攻撃者の活動を阻止するため、一時的に外に対する通信のアウトバウンド、外からの通信のインバウンド両方のネットワーク通信の全遮断を検討します。全て遮断したときの業務への影響が大きすぎる場合、業務でどうしても必要な通信先をリストアップし、そこだけと通信できるようにします。許可リストを準備していない場合は、優先順位を定めて徐々に通信を許可する範囲を広げる方

法や、拒否リストを用いた通信制限を行います。

　VPN機器を使用しており、業務上どうしてもそれを止められない場合は、IPアドレスや電子証明書などを利用した接続元制限や多要素認証といったセキュリティー強化を行います。

　組織内のネットワークセグメント間の通信にも制限を対応します。海外拠点から国内拠点間や、アクティブディレクトリー（AD）サーバー、ファイルサーバー、データベースサーバーなどの重要サーバーが設置されているセグメントへの通信制限を検討します。全遮断が困難な場合は、リモートデスクトップ（RDP）やSSHなどのプロトコルベースの制限といった部分的な制限で対処します。

　ネットワーク通信の制限は業務への影響が大きくなります。いきなり通信を制限してしまうのではなく、影響を受ける組織関係者への通知や調整が必要です。

3-3-4　ネットワーク機器のログ調査

　ネットワーク機器のログは攻撃者の活動の痕跡が残されている可能性のある重要なリソースです。ログを調査することで、不審通信先情報、侵害されたコンピューター、不正利用されたアカウントの特定が期待できます（**図表3-5**）。

　一般的にログ情報は膨大な量があるため、詳細解析には時間を要します。そのため、迅速な対応が求められる初動対応では必要最小限の調査だけを行います。例えば不審点（セキュリティー製品のアラート発報やファイル暗号化被害など）が確認された日時付近といったポイントを絞った調査をします。各ネットワーク機器のログを退避した上で調査を開始します。

　ファイアウオールのログやプロキシのログから、不審な宛先への通信が発生していないかを確認します。攻撃者が用意したC2サーバーやストレージサービスに対して、ウイルスの死活監視やファイル窃取などの通信の痕跡を探すためです。

　ウイルスが利用する通信先情報は、コンピューター内に残されたウイルスを解析しなければ厳密に特定することはできません。ウイルスの本体が見つかっている場合であれば、ウイルス解析は有効な手段ですが、専門的な知識が求められるため、ウイルス対策ソフトのベンダーなど専門業者に解析してもらうことが必要です。

　その他には、通常業務でアクセスしないドメイン名やIPアドレス、またC2ドメインのIoCに一致する宛先への通信といったところから不審な通信を割り出します。拒否リストを使って通信制限を実施しているときに、不審な通信が確認された場合はネットワーク機器でその通信を遮断するよう設定します。

　DNSのログから、不審な名前解決を試みたログがないか確認します。ウイルスがC2サーバーへ通信する際の名前解決の痕跡を調べるためです。DNSログからは主に、名前解決対象のドメイン名、名前解決を要求したコンピューターのIPアドレス、名前解決の結果がわかります。確認された不審なドメインへの通信についても、ネットワーク機器で通信を遮断します。

　VPN機器のアクセスログから、不審なIPアドレスからの接続やVPNアカウントの利用痕跡がないか確認します。リモートワークが主要業務形態の場合、VPNログから多数のIPアドレスが確認されると予想されます。そのため、不審点確認日時付近を中心に、次の観点などから調査します。

- ・身に覚えのない管理者アカウントの接続
- ・夜間帯や休日などの業務時間外の接続
- ・接続の発生が想定されない国からの接続
- ・利用していないVPSホスティングサービスのIPアドレスからの接続

　不審なIPアドレスやアカウントの利用が確認された場合、接続遮断やアカウント無効化を行います。また、未確認の認証情報を窃取されたアカウントの存在を考慮し、セキュリティー強化として多要素認証の導入などを検討します。

図表3-5　調査するネットワーク機器のログおよび調査項目

ログ	対策	調査項目
ファイアウオール	出口	通信先、不審通信を発した接続元IPアドレス
プロキシ	出口	通信先、不審通信を発した接続元IPアドレス
DNS	出口	FQDNの名前解決
VPN	入口	接続元IPアドレス、VPNアカウントの利用状況

3-3-5 ネットワーク機器の設定確認

　ルーター、ファイアウオール、VPN機器などのネットワーク機器の設定が変更されていないか確認します。攻撃者は次のような目的でネットワーク機器の設定を変更する可能性があります。

・C2サーバーへの通信確立
・異なるネットワークセグメントへの侵入
・多要素認証の回避やアカウントの認証情報を利用しないVPN接続の確立

　不審な設定変更が確認された場合、バックアップなどから元の設定に戻します。設定を戻す方法がない場合やバックアップの安全性が担保できない場合は初期化します。

　VPN機器の不審な設定変更や不審アカウントの追加が確認された場合、ファームウエアに脆弱性があり、それを悪用された可能性があります。ファームウエアのバージョンを確認し、必要に応じてアップデートします。しかし、すぐにアップデートできない場合は一時的な機能停止を検討します。

3-3-6 アカウントの保護

　攻撃者が組織のコンピューターに侵入するためには、そのコンピューターにログオンするためのアカウントが必要です。悪用されると影響度が大きいアカウントの対処を行います。

　ローカル管理者アカウントやセットアップ（キッティング）用に利用しているアカウントが、各コンピューターで同じパスワードを使い回していないか確認します。不正利用されているか不明な場合でも、そのパスワードで様々なコンピューターに侵入される恐れがあるため、コンピューターごとに別々の強固なパスワードに変更します。また、不審活動の検知時に既に不正利用されているアカウントが判明していれば、再度の不正利用を防ぐためにパスワードリセットを行います。

　コンピューター、ネットワーク機器、クラウドサービスなど、各リソースにア

カウントが使用されます。リソースに関わらず、アカウントへの共通対応として次のことが考えられます。

- ・アカウントロックの設定
- ・パスワードリセット
- ・ログオン、サインインする際に多要素認証の導入

アカウントロックは一定回数ログインに失敗したときにロックをかける設定です。ブルートフォース攻撃などの認証情報の総当たり攻撃への対策となります。多要素認証の導入は、アカウント保護の鉄則です。実現する方法は各リソースによりますが、いずれも知識情報、所持情報、生体情報のうち2つ以上を組み合わせて認証するように設定を行います。知識情報はパスワードのほか「秘密の質問」への回答や「PINコード」など、所持情報は携帯電話へのSMS送信や、ワンタイムパスワードなど、生体情報は指紋や顔認証、静脈認証などです。

3-3-7 重要サーバーの保護

組織活動における重要なサーバーへの対応は、格納されているデータの重要性やインシデントとの関連度合いを考慮し、優先順位をつけて行います。

組織がADを使ったドメイン環境の場合、特に注意しなければならないサーバーはADサーバーです。アカウント情報の宝庫であり、ここに侵入されていると、不正利用されているアカウントのパスワードをリセットしても、効果がない場合があります。

ADサーバーの対応として、まず侵入の有無を確認します。具体的には、既に判明している被害コンピューターや不正利用されているアカウントを使用した不審ログオンがないか確認します。不審ログオンが確認された場合、ADサーバーは侵害されている可能性があるため、隔離します。不審ログオンが確認されない場合、最新のセキュリティーアップデートの適用、複数のウイルス対策ソフトによるスキャン、EDRなどのエンドポイントセキュリティー製品による継続監視を行います。

次にADサーバーのオブジェクトに変更がされていないかを確認します。グルー

プポリシーオブジェクトを悪用し、ドメイン参加しているコンピューターに対してウイルスを一斉配布するなどの侵害拡大の手口や、セキュリティー設定を脆弱にするなどの攻撃手法があります。オブジェクトのレプリケーションメタデータを取得し、オブジェクトの属性が最後に更新された時刻を確認し、改ざんされた痕跡がないか調べます。レプリケーションメタデータの取得やタイムライン作成するツールとして、ADTimeline[1]が利用できます。

Domain Admins や Enterprise Admins などの高権限を有する管理者グループに、不審アカウントや許可を与える必要がないアカウントが登録されていないか確認します。不要なアカウントが確認された場合は無効にします。不審アカウントが登録されていた場合、攻撃者が作成し、侵害拡大に利用している可能性があります。

ドメイン環境のアカウントの対処は単純なパスワードリセットだけでは不十分です。ドメイン管理者アカウントや KRBTGT アカウントといった高権限のアカウントのパスワードリセットを行います。中でも、KRBTGT アカウントは偽造チケット作成の対策として、2回のパスワードリセットを行います。このアカウントは2回分のパスワードの履歴を持っているので、履歴から古いパスワードをなくすために2回のリセットが必要です。ドメインユーザーアカウントにローカル管理者権限を付与している場合は、権限を削除します。

コンピューターアカウントの認証情報を悪用した偽造チケット作成の対策を行います。コンピューターアカウントはアカウント名が「コンピューター名$」と表されるアカウントで、ドメインにコンピューターを追加するとシステムで作成されるアカウントです。対策の設定として、コンピューターアカウントのパスワード変更周期を最短（1日）にします。

「スケルトンキー」の対策として再起動します。「スケルトンキー」とは、メモリーへパッチを当て任意のアカウントの認証情報をバイパスする手口で、認証情報の窃取に頻繁に利用されるツールである「ミミカッツ（Mimikatz）」を使って窃取が可能です。

AD サーバー含め、重要サーバーに共通する対応として、次のことが考えられます。

・接続元の制限（踏み台サーバー経由での接続に限定や、接続元 IP アドレス

の限定など）
・認証情報を記録するログの保存容量の増加
・重要データのバックアップ

　バックアップを取得する際は、ランサムウエア実行の影響を受けない方法で取得し、ファイル暗号化被害を受けない場所に保管します。
　初動対応以降も、ドメイン管理者アカウントなどの高権限アカウントによる不審ログオンがないかを継続監視します。

3-3-8　ウイルススキャンの実施

　ウイルス対策ソフトによるウイルススキャンはランサムウエアを含むウイルスを探す上で有効な手段です。現時点から新たなウイルスを探す目的のため、既に組織で使用されているウイルス対策ソフトとは別のソフトウエアを用いて、ウイルススキャンを行います。

3-3-9　正規ツールの制限

　攻撃者はセキュリティー製品の検知を回避するため、パワーシェルなどの正規ツールを使用して活動する傾向にあります。ファイル暗号化などの被害が確認されているコンピューターのEDRログや操作ログから、不審な正規ツール利用を確認します。正規ツールの悪用が確認された場合、一時的に無効化します。

3-3-10　クラウドサービスへの初動対応

　窃取された認証情報がクラウドサービスの認証情報であったり連携していたりする場合、クラウドサービスへ不正ログオンされ、情報漏えいなどの被害が発生するおそれがあります。対応として次のことが考えられます。

・全アカウントの認証情報のリセット
・多要素認証の導入

・既存のセッショントークンを強制リセット
・接続元制限
・不正な設定変更やログオンの確認

　不正な設定変更が確認された場合、通常の設定に戻します。メール転送などの情報漏えいに関連する設定変更がされていた場合、設定変更日時や操作ログなどから、影響があった期間や窃取された可能性のある情報について精査が必要です。

3-4
手掛かりを利用した被害範囲特定

　組織には多数のコンピューターがあり、その数に比例して調査対象となる情報があります。全てのコンピューターを詳細に調査することが理想ですが、現実的には時間的に不可能です。限られた時間で効率的に被害範囲を特定するため、次の2段階で進めていきます。

1. 初動対応で被害が確認されたコンピューターからデータを収集し、新たなIoC を収集すると同時に、TTPs を理解するための調査を実施
2. 第1段階で得た調査結果から、組織内から新たな被害リソースを特定

3-4-1　初期手掛かりを利用した被害・被疑コンピューターの特定

　あるコンピューターに被害があるかどうかを調べるには、手掛かりとなる情報が必要です。不審活動を検知した際の情報や、初動対応で得たIoC や TTPs の情報が、被害範囲を特定する手掛かりとして役立ちます。
　ファイル暗号化や脅迫文が確認されているコンピューターは、当然のことながら侵害されています。組織内のコンピューターで、このような目立った被害を受けたコンピューターを特定します。ログオンや起動ができなくなったコン

ピューターも、ファイルが暗号化されたためかもしれないので、被疑コンピューターとします。

　見つかったウイルスが、ウイルス対策ソフトで検知できなかった場合、他のコンピューターにも同じウイルスが検知されずに入り込んでいる恐れがあります。そこで、見つかったウイルスからウイルス対策ソフトのベンダーなどの専門業者に、新規パターンファイルを作成してもらい、そのパターンファイルを用いて全コンピューターをスキャンすることで、被害コンピューターをあぶり出すことが可能になります。

　ファイアウオールログやプロキシログから、不審な外部のサイトと通信しているIPアドレスのコンピューターを特定します。ウイルス実行やファイル窃取などの被害を受けていると考えられます。また、DNSログから、不審なドメイン名の名前解決をしたコンピューターもウイルス実行などの被害を受けていると考えられます。特定した被害コンピューターからログオン試行されたコンピューターは、侵害拡大のために侵入された可能性のある被疑コンピューターとします。

　新たに特定した被害・被疑コンピューターに加え、これまでの対応で被害が確認されているコンピューターには、未確認のIoCやTTPsの解明に繋がる情報が残っている可能性があります。そのため、これらのコンピューターからデータを収集し、調査を行います。

3-4-2　初期手掛かりから確認された 被害・被疑コンピューターの調査

　これらの手掛かりから確認された、被害を受けたり被害を受けた疑いがあったりするコンピューターは、インシデント対応の重要な情報源になります。新たなIoCやTTPsに関する情報を積み上げ、被害範囲を特定できます。

　ファイル暗号化の被害の有無を調査するには、既に被害が確認されているコンピューターから、暗号化されたファイルの拡張子と同じファイルがないか確認します。ランサムウエアを直接実行されたコンピューターでなくとも、調査しているコンピューターのフォルダを共有しているコンピューター上で実行されている場合、共有フォルダ内のファイルが暗号化されている場合があります。

　ランサムウエアが実行されると、起動時に脅迫文の表示や、ランサムウエア

の種類によってはデスクトップの壁紙が脅迫文の画像に変更されることがあります。しかし、そのような目立った被害が確認されないコンピューターにおいても、暗号化被害を受けている可能性があり、情報漏えいの可能性を考慮しなければなりません。

　他コンピューターで確認されたウイルスなどの不審ファイルが、調査しているコンピューターに同名で存在しているかは、コマンドなどで全ファイル名を抽出し、検索することで調べることができます。しかし、攻撃者が自身の活動の痕跡を消去するため、そのようなファイルは既に削除されている可能性があります。

　Windowsコンピューターの場合、このような調査にはNTFSのメタファイルである$MFTと$Jが有用です。$MFTはコンピューター内の全ファイルのカタログのようなファイルです。つまり、$MFTを取得し解析することで、現存しているファイル情報がわかります。$Jはジャーナルファイルである$UsnJrnlの構成ファイルの一部であり、ファイル作成、更新、削除などのファイルやフォルダの変更履歴を記録しています。そのため、過去にどのようなファイルが存在していたかを調べることができます。

　ウイルスの実行痕跡や実行を示唆する痕跡は、プリフェッチファイルやレジストリハイブなどから調べることができます。ウイルスの実行痕跡を調査する目的は、侵害されたことを示す指標になることに加え、$MFTや$Jを調査しても確認できなかった不審ファイルの存在を特定できる可能性があるためです。また、ウイルス自体がコンピューター内に残っていれば、解析することで機能を解明し、影響度を調査することが可能です。

　不正利用されたアカウントを特定するため、アカウントのログオン情報を記録しているログを調査します。VPN機器のアクセスログから不審点が確認された場合、接続時に割り当てられたIPアドレスを手掛かりとします。そのIPアドレスからコンピューターへのログオンが確認された場合、ログオンに使用されたアカウントは不正使用されていると考えられます。また、調査対象のコンピューターに対し、普段ログオンしないアカウントからのログオンが発生していないか調査します。そのようなアカウントが確認された場合は、不正利用されたと考えられ、ログオンされたコンピューターも侵害されている可能性があります。

　Windowsコンピューターの場合、不正利用されたアカウントと接続元コンピューターを探し出すためには、次のログの調査が有効です。

・セキュリティーログ
　C:¥Windows¥System32¥winevt¥Logs¥**Security.evtx**
・ローカルセッションマネージャー（LSM）ログ
　C:¥Windows¥System32¥winevt¥Logs¥Microsoft-Windows-TerminalServicesLocalSessionManager%4Operational.evtx
・ユーザーアクセスロギング（UAL）ログ（Windows Server 2012以降）
　C:¥Windows¥System32¥LogFiles¥Sum¥Current.mdb

　Windowsにはシステムやアプリケーションで発生したイベントを記録し、監査に利用できるイベントログという機能があります。セキュリティーログは認証に関する情報などを記録しているイベントログです。このログのイベントID「4624」には、ログオンに使用されたアカウントや接続元IPアドレスなどが記録されています（**図表3-6**）。

　ログオンタイプが示す数字も重要な情報です（**図表3-7**）。モニターの前でキーボードを使用し認証情報を入力してログオンした場合、対話型ログオンとなり、ログオンタイプは「2」が記録されます。インシデント対応において特に注目するログオンタイプは「3」と「10」です。例えば、コマンド「net」を使用して管理共有にアクセスした場合、ネットワークログオンと分類され、ログオンタイプは「3」が記録されます。つまり、身に覚えのないコンピューターからログオンタイプ「3」のイベントID「4624」が確認された場合、攻撃者はコマンド経由で接続先コンピューターにウイルスを作成しようとした痕跡の可能性があります。

　RDP接続をした場合、原則としてログオンタイプは「10」が記録されます。不審ログオンのイベントID「4624」にログオンタイプ「10」が記録されていた場合、攻撃者は侵害拡大にRDP接続を利用していると考えられ、調査において着目するべき点となります。このように、ログオンタイプに注目することで、攻撃者のTTPsの理解を深めることができます。

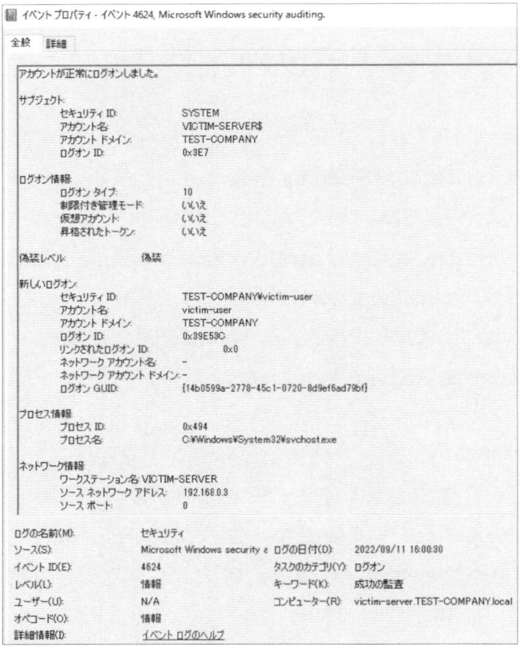

図表3-6　イベント ID「4624」の例

図表3-7　イベント ID「4624」のログオンタイプ

ログオンタイプ	分類
2	対話型
3	ネットワーク
4	バッチ
5	サービス
6	プロキシ
7	ロック解除
8	クリアテキスト認証
9	新規資格情報
10	リモート対話型
11	キャッシュによるログオン

　LSMログはRDP接続に関する情報を記録しているイベントログです。ログオン成功時の接続元IPアドレスやアカウント情報などが記録されています（**図**

表3-8)。上述のようにRDPで接続されると、セキュリティーログに記録が残り
ますが、LSMログは、より古い記録を調べやすいというメリットがあります。

　セキュリティーログはログオン成功の記録だけではなく、認証を含めセキュ
リティーに関する様々なログを記録しています。そのため、設定にもよります
が、ログのローテートが早い傾向にあります。定期的なアーカイブなどの運用
を行っていないと、インシデント発生時点のログが消失している可能性があり
ます。LSMログはセキュリティーログと比較して、記録されるログ量が少なく、
セキュリティーログよりも長い期間のログが残っている傾向にあります。その
ため、セキュリティーログよりも過去へ遡った調査ができる場合があります。

図表3-8　LSMログに記録されたRDP接続成功の例

　セキュリティーログには、他コンピューターへのログオン試行を記録するロ
グも残ります。ログオンが成功したかは、ログオン試行先のコンピューターの
ログを調査しなければ成否は不明なため、ログオン試行先コンピューターを被
疑コンピューターとして記録し、後で被疑コンピューター内のセキュリティー
ログなどを調査します。

　UALサービスはWindows Server OS（2012以降）に搭載されている機能で、
ユーザーの使用状況を集計します。この機能のログである、UALログはサーバー
が有している機能（共有フォルダ、AD、データベースなど）へアクセスした接
続元IPアドレスやアカウントなどを記録しています。攻撃者は侵入痕跡を隠
ぺいするため、イベントログを削除する場合があります。そのため、イベント
ログ以外にもコンピューターへの接続元情報を調査できるログの取得も必要です。

3-4-3 新しい手掛かりを利用した被害範囲の特定

初期手掛かりを利用して新たに判明した被害・被疑コンピューター、アカウント、IoC、TTPsなどの情報から、更に被害範囲を特定していきます。被害・被疑コンピューターのデータを収集し、前述のように、不審痕跡がないか調査します。このプロセスを繰り返すことで、全ての被害を受けたリソースを特定していきます。

3-4-4 効率的な調査方法

ここまで見てきたように、初期手掛かりから確認された被害・被疑コンピューターからデータを収集し、解析することで新たな被害リソースを芋づる式に特定できます。この調査をより効率的に実施する手法について見ていきます。

基本戦略は、ファストフォレンジック手法を用いた調査です。ファストフォレンジックとは、早急なインシデントに関連する事象解明のため、対象コンピューターから調査に必要な最小限のデータを収集し、解析する調査手法です。このような目的で収集するデータのことをトリアージデータと呼びます。これは、災害などで多くの怪我人が発生した場合に、重症度などによって治療優先度を決めるトリアージに由来しています。トリアージデータを調査することで被害有無を確認し、優先して対応が必要なリソースを特定するという考え方は、医療現場におけるトリアージと類似しています。

資産管理ソフトウエアやEDRによる全コンピューターに対するIoCスキャンを使用すると、より効率的な調査が可能です。

データ取得には、サイバーディフェンス研究所のCDIR Collector[2]やKrollのKAPE[3]などのトリアージデータを収集する専用ツールが使えます。収集用のスクリプトを自作する人もいます。コンピューターをネットワークから完全に隔離している状況では、1台ずつオフラインでツールを実行する必要があります。しかし、ネットワーク経由でツールを使用できる状況であれば、多数のコンピューターに対し、同時にツール実行することで効率的にデータ収集でき、迅速に調査に取り掛かることができます。

資産管理ソフトウエアやEDRを導入していない場合、OpenIoCやYaraなどの形式でスキャン用のIoCファイルを作成し、コンピューターに対しIoCスキャ

ンを実施できます。例えばウイルスであると確認されたファイルを基に、ウイルスのハッシュ値、通信先、ウイルス内に記述されている特徴的な文字列などの情報を検知条件としてIoCファイルを作成してスキャンします。

スキャンによって検知されたコンピューター内を調査し、誤検知でないことが確認できたら、そのコンピューターは被害を受けていると判断できます。その後、その被害コンピューターから「3-4-3 新しい手掛かりを利用した被害範囲の特定」で述べた形で、調査に利用できるデータを収集し、解析します。新たな不審点が見つかったら、それを基にIoCファイルを作成し、スキャンを行い、さらに被害コンピューターを特定していきます（**図表3-9**）。

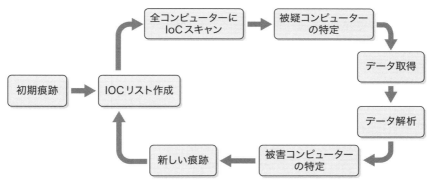

図表3-9　IoCを利用した被害範囲特定のサイクル

この方法は、組織内の全コンピューターを調査することから、スケールが大きく複雑な調査になります。そのため、専門業者によるEDRを利用した全コンピューターの調査サービスを利用することも有効な手段です。

EDRを使えば、全コンピューターの被害状況を調査すると同時に、対象コンピューター上の不審挙動や、攻撃者による侵害行為をリアルタイムで監視・検知できます。そういった環境をインシデント対応中において整えていくことは望ましく、有用です。

ただ、専門業者に依頼する場合、EDRのインストールや契約に時間を要するため、ファストフォレンジック手法による調査を先行して進め、被害リソースの特定やIoCを収集し、被害リソースへの対処することも検討します。また、ファストフォレンジック手法による全台調査とEDRを利用した調査の結果は重複

する可能性があるため、費用対効果について考慮する必要があります。インシデント対応において、どのような手段や体制で被害範囲を特定するか、平時の際にあらかじめ決めておくことが重要です。

　筆者の所属するラックのサイバー救急センターでは、インシデント対応を支援する無料調査ツールとしてFalconNestを提供しています[4]（**図表3-10**）。FalconNestは標的型攻撃の痕跡やウイルス感染の痕跡を調査する侵害判定、不審ファイルがウイルスであるかを調査するウイルス自動分析、そしてメモリーイメージを解析しウイルス感染を判定するメモリー自動分析の3つの機能を有しています。

　侵害判定サービスでは、FalconNestのコンソール上でダウンロードできるデータ収集ツールを対象コンピューター上で実行し、収集したデータをアップロードすることで、自動解析を行い、調査を支援する情報を報告します。また、サイバー救急センターが過去に対応した標的型攻撃などのIoCを利用し、一致する痕跡が確認された場合は併せて報告します。

　ウイルス自動分析サービスでは、不審ファイルをアップロードすることで、サンドボックスによる自動分析が行われ、ウイルス判定が行われます。ウイルスが通信機能を有している場合、通信先情報を報告します。

　メモリー自動分析サービスでは、メモリーイメージをアップロードすることで分析が行われ、ウイルス感染の判定が行われます。感染が疑われるプロセス名と通信先をレポートします。通信先情報を用いて、被害拡大防止や被害範囲特定に役立てることができます。

図表3-10　FalconNestのHOME画面

3-5
調査データの収集と可視化

3-5-1　収集するデータ

　インシデント対応の様々な場面で、コンピューターからデータを収集し、調査します。ここでは取得するデータの種類について見ていきます。

　取得するデータは主に2種類あります。ファストフォレンジック調査に利用するトリアージデータと、コンピューターのHDD/SSDを完全に複製したディスクイメージです。ディスクイメージには未使用・削除領域を含めコンピューターの全ての情報が記録されているため、ファストフォレンジック調査よりも詳細な調査であるディープフォレンジック調査に利用するのが一般的です。

　ファストフォレンジック調査用に取得するトリアージデータとしては、対象コンピューター内のファイルリスト、設定ファイル、ログオン関連の情報（ログオン履歴、ログオン試行履歴）を記録しているログファイル、プログラム実行痕跡の調査に役立つアーティファクトなどが考えられます。Windowsコンピューターであれば、「3-4-1　初期手掛かりを利用した被害・被疑コンピューターの特定」で述べたようなファイルがトリアージデータの例になります（**図表3-11**）。

図表3-11　Windowsコンピューターのトリアージデータの例

収集ファイル	調査して分かることの例
$MFT、$J	・過去、現在にコンピューター内に作成されたファイル
レジストリハイブ	・マルウエアの自動実行設定 ・設定変更 ・マルウエアの実行痕跡など
Windowsイベントログ	・コンピューターに接続したホスト、アカウント ・他コンピューターへの接続試行 ・権限昇格 ・ブルートフォース攻撃痕跡など
UALログ	・コンピューターに接続したコンピューター、アカウントなど
プリフェッチファイル	・マルウエアの実行痕跡など

　ウイルス実行痕跡が確認された場合、コンピューターからウイルスの有無を確認し、現存していれば採取します。そして、解析することでウイルスが有している機能や不審通信先情報などから被害範囲特定に役立てることができます。

　ディスクイメージを取得するツールと手法は、コンピューターの設定や被害状況によって変わります。データを取得する際には、OSを立ち上げない状態で取得するデッドボックスイメージングか、OSを立ち上げた状態で取得するライブイメージングのどちらかで実施します。どちらも可能であれば、HDD/SSDへのデータ上書きによる痕跡の消失を回避できる、デッドボックスイメージングで取得するのがいいでしょう。

　また、ファイル暗号化被害を受けたコンピューターは、起動してもOSが立ち上がらない可能性があり、その場合はデッドボックスイメージングで取得します。重要情報が格納されているコンピューターについては、デッドボックスイメージングによる保全手法の検証を平時の段階で実施しておくことが望ましいです。

　デッドボックスイメージングによる保全方法は、次のような方法があります。

・USBブートしたフォレンジック用OSを利用
・コンピューターからHDD/SSDを取り出し、複製専用機で複製
・仮想マシンの場合、仮想イメージファイルにエクスポート

　ここで、フォレンジック用OSとはHDD/SSDの完全な複製を作成するツールが含まれているOSを指しています。フォレンジック用OSのLinuxディストリビューションとして、CAINE Linux[5]（**図表3-12**）やTsurugi Linux[6]などが知られています。それらのOSをUSBメモリーから起動するため、ブート用USBメモリーを作成します。対象コンピューターにブート用USBメモリーを挿入し、電源を入れたらHDDからOSが立ち上がる前に「F2」キーなどを押してBIOS画面に移ります。BIOS画面を起動するキーは、メーカーによって「DEL」キーなどを使う場合がありますのであらかじめ確認しておきましょう。

　BIOS画面で起動順序としてUSBメモリーを1番目になるように選択し、設定を保存してBIOS画面を終了します。するとUSBメモリーからフォレンジック用OSが立ち上がり、保全ツールを使用できます。また、CPUの種類、セキュアブート、USBメモリー接続禁止設定、高速スタートアップの有効などの設定

によっては、BIOS画面に入れないことや、USBメモリーを認識しないといった
トラブルに遭遇する可能性があります。また、コンピューターによってはフォ
レンジック用OSが起動できない場合があります。

　インシデント対応本番でこのようなトラブルに遭遇し、時間を浪費すること
を避けるためにも、コンピューターの事前の設定確認や、複数のOSやバージョ
ンのブート用USBメモリーを作成しておき、事前検証を済ませておくことが望
ましいです。サーバーにはUSBポートがない場合もあるため、その場合はUSB
メモリーの代替としてCDを利用することも手段の1つです。

図表3-12　CAINE 12.4 のデスクトップ画面

　HDD/SSDを取り出すことができる場合、複製用の専用機があると、保全を
スムーズに行うことができます（**図表3-13**）。保全元HDD/SSDと保全先HDD/
SSDを取り付け操作するだけで、コンピューターの設定を変更することなく、
容易に複製できます。

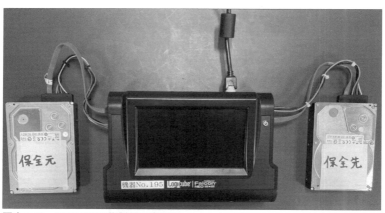

図表3-13　HDD/SSD複製用の専用機

　ライブイメージングで保全するためには、対象コンピューターに管理者としてログオンし、ＵＳＢで接続された保全先ＨＤＤ/ＳＳＤを読み書きできる必要があります。ＵＳＢの読み書きがシステムで制限されている場合、対象コンピューターと保全用コンピューターのみでネットワークを構築し、保全用コンピューター上のファイル共有を保存先に設定します。保全先となるＵＳＢ接続のＨＤＤ/ＳＳＤあるいはファイル共有にあらかじめフォレンジックツールを格納したフォルダを作成し、対象コンピューターからフォレンジックツールを実行してディスクイメージを作成します。なお、ランサムウエアに感染したコンピューターをデッドボックスイメージングではなくライブイメージングする場合は、暗号化による二次被害に気を付けます。保全先に重要なデータはおかず、保全用コンピューターの管理者アカウントでファイル共有にアクセスしないようにしましょう。

　電源が入ったコンピューターに対して、ディスクイメージの取得にも利用できるフォレンジックツールとして、AccessData[7] のFTK Imagerが知られています（**図表3-14**）。

　仮想マシンにおいても、FTK Imagerなどを利用し、同様の方法でライブイメージングが可能です。シャットダウンできる場合は、OVF/VHDファイルにエクスポートすることで、デッドボックスイメージングで取得したものと同様のディスクイメージを取得することが可能です。

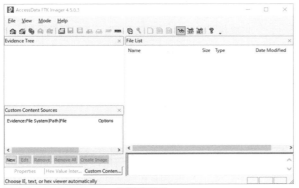

図表3-14　FTK Imager の起動画面

3-5-2 収集したデータの可視化

　調査に役立つファイルは、インシデント調査のために用意されているファイルではなく、OSの機能、パフォーマンス向上、監査目的などのために用意されているファイルです。そのため、可読性に乏しく、専門知識がないと記録されている情報の解釈が難しいファイルが多く占めます。ここでは、前述したWindowsコンピューターのトリアージデータの可視化について記載します。

　Windowsイベントログは、Windows標準ソフトウエアであるイベントビューアーで閲覧できます。セキュリティーログ、LSMログを含めた全てのWindowsイベントログを閲覧することが可能です（**図表3-15**）。

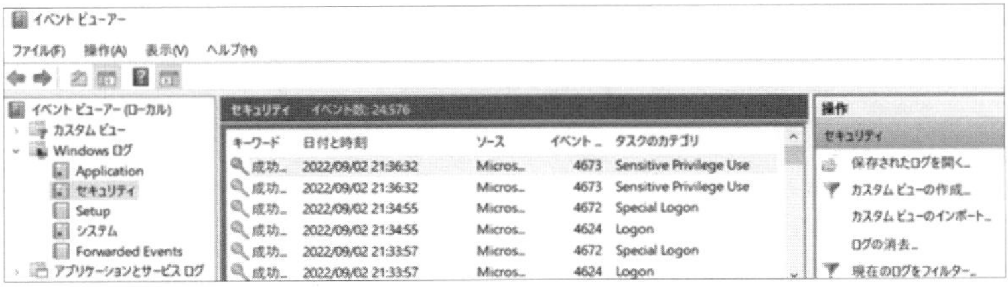

図表3-15　イベントビューアーでセキュリティーログを閲覧

　Windows標準ソフトウエアで可視化できない調査に有用なファイルの可視化は、Eric Zimmerman氏（Kroll）が公開しているツール群[8)]が有名です。

$MFT、$J、レジストリハイブ、UALログ、プリフェッチファイルはいずれも
Eric Zimmerman氏のツールで可視化できます（**図表3-16**）。レジストリハイ
ブはWindows標準ソフトウエアのレジストリエディターで閲覧できますが、
Registry Explorerはレジストリエディターと比較して、サマリー機能やバイナ
リーの可視化機能が充実しています。

図表3-16　トリアージデータの可視化ツールの例

対象ファイル	ツール	用途
$MFT、$J	MFTECmd	コマンドで$MFT、$Jをパース
レジストリハイブ	Registry Explorer	GUIでレジストリハイブの閲覧
UALログ	SumECmd	コマンドでUALログのパース
プリフェッチファイル	PECmd	コマンドでプリフェッチファイルのパース

3-6
被害リソースのクリーン化

　初動対応で被害が確認されたコンピューターやアカウント、そして不審通信
先に対して応急処置的対処を行います。それに加え、追加で確認された被害リソー
スに対しても同様の処置を行い、被害範囲をクリーン化します。

　被害拡大防止を目的として、初動対応で被害が確認されたコンピューターはネッ
トワークからの隔離や電源シャットダウンの処置を行います。新たに確認され
た被害コンピューターに対しても、同様の方針を取り、他コンピューターや外
部とのネットワーク通信ができないように隔離措置を取ります。

　隔離したコンピューターはバックアップから復元します。バックアップがな
い場合は初期化してクリーン化します。なお、バックアップの暗号化や削除さ
れることを防ぐため、バックアップの確認や展開には、攻撃者が存在していな
いことを担保できるクリーンな環境で実施します。やむを得ず初期化が困難な
場合は、ウイルスや不正な設定など除去し、セキュリティー設定を強化し安全
性を高めます。安全性を高める設定例として、接続元制限、最新のセキュリティー
アップデートの適用、強固なパスワードポリシーに則ったローカルアカウント

の認証情報の変更が考えられます。

　さらにセキュリティー強化として、EDRなどのエンドポイントセキュリティー製品を導入することにより、不審ログオンや挙動を監視できる体制を整えます。ディープフォレンジック調査を考えている際は、復元前にディスクイメージを取得します。暗号化被害を受けたコンピューターについても同様の方法で復旧することが基本です。ただし、一部のランサムウエアについては復号鍵が公開されているケースがあり、データを復旧できます。

　そのため、バックアップがない場合は初期化をする前に、ランサムウエアに対抗する官民連携プロジェクトの「NO MORE RANSOM[9]」などのウェブサイトから、使用されたランサムウエアに対応する復号ツールの有無を確認します。

　各種アカウントの認証情報は全てリセットします。インシデント対応の過程で無効化したアカウントがあった場合、不要であれば削除します。今後も使用するアカウントであればリセット対象とします。

　ネットワーク通信に関連する措置として、不正接続元と不正接続先の通信を全て遮断します。VPN装置を利用している場合、多要素認証の導入とファームウエアのバージョンが脆弱性を有していないバージョンにアップデートされていることを再確認します。また、組織の管理下のコンピューターのみが接続できるように、接続元制限の措置を取ります。

　ADサーバーが侵害されていた場合は、他の被害が確認されたコンピューター同様に、初期構築を行います。しかし、再構築が困難な場合は、初動対応で記載した内容と重複しますが、次のことを実施します。

・不正オブジェクト変更有無の確認
・ウイルスや不正な設定などの除去
・接続元制限
・最新のセキュリティーアップデートの適用
・全ローカルアカウントの認証情報の変更
・アカウント権限の見直し

　クラウドサービスに関連する措置として、被害アカウントが使用していたクラウドサービスの認証情報を全て変更します。クラウドサービスの設定が変更

3

されていた場合は正常化します。多要素認証の導入や、接続元制限を実施し、再侵害を防止します。

3-7 不十分なインシデント対応で 終わらないために

ファストフォレンジック調査では広く浅く、一方で、ディープフォレンジック調査では狭く深くインシデント状況を把握できます。一般的に、ランサムウエア攻撃のインシデント対応はどちらかの調査だけでは不十分な対応で終わってしまいます。両方の調査を組み合わせ、侵害原因とインシデントによる影響を明確にしなければなりません。

3-7-1 侵害原因を特定する

これまでの対応で、被害拡大防止の応急処置と同時に、被害を受けたリソースの特定や被害状況を調査してきました。しかし、攻撃者が組織に侵入した根本原因が特定し、解消できていないと、同じ手段で再び侵入され被害が止まらないおそれがあります。このような事態にならないように、侵害原因の特定、または侵害原因を示唆する不正痕跡の特定はインシデント対応において必須事項です。被害範囲特定の調査を進める中で、侵害原因の特定に関する情報が集まっていない場合は、調査が不十分な可能性があり、調査を継続する必要があります。

3-7-2 情報漏えい痕跡の調査

既に述べたように重要情報の漏えい痕跡の調査は必要です。個人情報やクレジットカード情報などの漏えいした情報の種類によっては、関係機関へ報告する義務があります。また、顧客情報が窃取されていたにも関わらずステークホルダーに報告しておらず、リークサイトなどから情報漏えいが発覚した場合、重大な信用問題に発展するおそれがあります。

　情報漏えい痕跡の調査として、まず、ファイアウオールログやプロキシログから、C2サーバーやストレージサービスへの通信の中でデータ送信量が多いログの有無を確認します。そのようなログが確認された場合、接続元IPアドレスのコンピューターからファイル窃取されている可能性があります。攻撃者は活動する中で、組織内の特定のコンピューターを活動拠点とする場合があり、各コンピューターから窃取したファイルを拠点サーバーに収集してからファイル送信することがあります。そのため、ログに記録された接続元IPアドレスのコンピューターのみのデータが窃取されたとは限らず、詳細を明らかにするためにはディープフォレンジック調査が必要です。

　その他の観点として、重要情報を格納しているコンピューターに対し、不正利用されているアカウントや被害コンピューターからログオンが確認されている場合は、侵害されたことを前提とした調査が必要となります。

　ディープフォレンジック調査における情報漏えい痕跡の調査により、圧縮ファイルの作成痕跡、ファイル転送プログラムの実行痕跡、攻撃者が閲覧したフォルダやファイルなどを特定できる可能性があります。また、未使用・削除領域よりファイル復元や、ディスク全体にキーワード検索を行い、調査対象のコンピューター内に収集されたデータの痕跡を調査することもできます（**図表3-17**、**図表3-18**、**図表3-19**）。

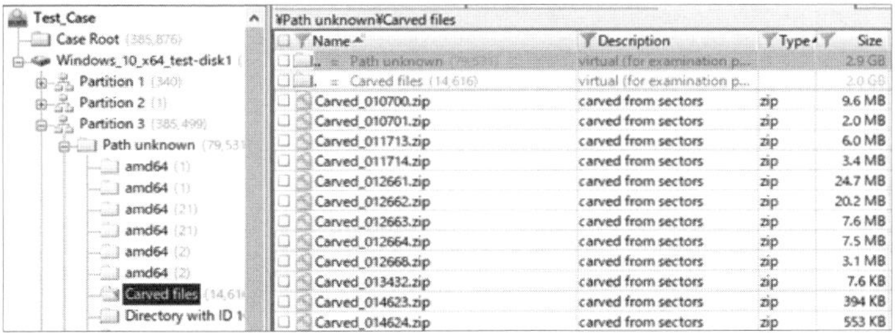

図表3-17　フォレンジックツールによるファイル復元の例

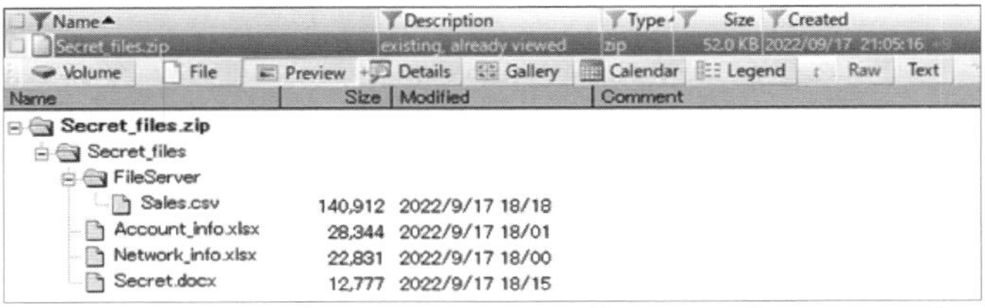

図表3-18　フォレンジックツールによる圧縮ファイル内のファイル名の確認

図表3-19　フォレンジックツールによる特徴的な文字列を使用したキーワード検索の結果

　ダークウェブを含めたインターネット空間から、特定のキーワードに一致する情報が公開されていないか調査するサービスを利用することも情報漏えい痕跡調査の手段の1つです。窃取されたデータが既にインターネット上に公開されている場合、被害コンピューターに保存されている固有のデータや、漏えいが懸念されるデータを示すキーワードを基に調査を依頼することで、情報漏えいに関する手掛かりを得られる可能性があります。

3-8
通常業務に戻るために

3-8-1　セキュリティー強化施策の実施

　攻撃者が組織に再侵入することを未然に防ぐためのセキュリティー強化施策を行います。また、万が一、再侵入されてしまっても検知できるための体制整備も行います。

　インシデント対応において、様々なログ調査を行います。調査時にログを正常に取得でき、インシデント発生時点の記録が残っていなければいけません。次のログについては、最低でも1年程度は保管し、分析や監視できる体制を構築しましょう。

・各ネットワーク機器のログ（プロキシ、ファイアウオール、DNS、VPN、DHCPなど）
・Windowsイベントログ
・資産管理ツールやEDRなどによるコンピューターの操作履歴
・クラウドサービスの監査ログなど（サインイン、ファイル操作、設定変更など）

　監視体制を強化する点として、次のことに注視し、不審点が確認された場合は迅速に分析を行います。

・通信ログから不正な接続元、接続先の通信監視
・重要サーバーに対する不審なログオン
・EDRなどによる検知
・IoCを基にしたカスタムルールを作成し、そのルールによる検知状況
・クラウドサービスに対する意図しないログオン、操作

　各種アカウントについては、アカウントの棚卸を実施し、不要なアカウントの削除や権限の見直しなどを行います。アカウント管理の仕組みを導入し、アカウント保護の体制を整えます。
　重要サーバーへ、すべてのコンピューターから接続できてしまうと、インシデント時に重大な被害発生のリスクがあります。そのため、重要サーバーへの接続には踏み台サーバーからの接続のみを許可するといった接続元制限を検討します。ネットワークセグメント単位での制限として、基幹系とOA環境に分離し、基幹系への接続制限を強化することも有効です。
　VPN機器の脆弱性を悪用した侵入は、ランサムウエア攻撃に限らずサイバー攻撃のインシデントにおいて多く観測されています。ファームウエアに脆弱性が発覚した際に、迅速にアップデートできる体制を整えておきましょう。また、接続元のコンピューターにはEDRを導入し、安全性を常時監視します。
　重要情報の保護として、ファイル操作ログの取得や、ランサムウエア実行の影響を受けないようなバックアップ体制の構築が考えられます。

3

3-8-2 インシデント対応の終息宣言

攻撃者を組織から排除し、応急対策が完了したら、インシデント対応の終息宣言を行います。その後も、一定期間、少なくとも数カ月はネットワーク監視とエンドポイント監視に注力し、不審点が発生していないか確認します。

これまでの対応の中で、セキュリティー製品の不足、体制や各対応フェーズの改善点が確認された場合は、今後のセキュリティー施策に取り入れ、組織の高セキュリティー化を目指しましょう。

参考文献

1) Timeline of Active Directory changes with replication metadata
   https://github.com/ANSSI-FR/ADTimeline
2) CDIR (Cyber Defense Institute Incident Response) Collector - live collection tool based on oss tool/library
   https://github.com/CyberDefenseInstitute/CDIR
3) Introducing KAPE – Kroll Artifact Parser and Extractor, Kroll
   https://www.kroll.com/en/insights/publications/cyber/kroll-artifact-parser-extractor-kape
4) 無料調査ツール「FalconNest（ファルコンネスト）」, LAC
   https://www.lac.co.jp/solution_product/falconnest.html
5) Computer Aided Investigative Environment(CAINE), CAINE Project
   https://www.caine-live.net/
6) DFIR Operating System - Tsurugi, Tsurugi Linux team
   https://tsurugi-linux.org/
7) AccessData
   https://accessdata.com/
8) Eric Zimmerman's tools, Eric Zimmerman
   https://ericzimmerman.github.io/#!index.md
9) NO MORE RANSOM, © European Union Agency for Law Enforcement Cooperation, [2022]
   https://www.nomoreransom.org/ja/index.html

攻撃者たちの日記

【学生A】

●月●日

今日から新しいバイトが始まる。同じ大学の先輩に紹介してもらったものだ。詳しいことは知らないが、セキュリティー関連の開発をしている会社らしい。ネットワークやLinuxに詳しいということで採用してもらえた。基本的には全部オンラインで、出来高で支払われるので、がんばっていいところ見せないと。

●月●日

ミッションとしてA社のルーターに脆弱性がないか侵入テストをすることになった。難しそうだが調べてやってみよう。

●月●日

この前は一つだけだが脆弱性を見つけることができた。再現できるようにするため、テスト・プログラムを作るように言われてそれも作った。出来が良かったと、リーダーから褒められた。今度はVPN装置の脆弱性を探すミッションに参加することになった。より難易度は高まるがやりがいがありそうだ。

【チームリーダーB】

●月●日

バイト学生の管理も楽ではない。入ってくる人間も多いが、やめてしまうやつも多い。技術が全く分からないやつさえいる。ネットの面接だけだとどういうやつかわからないからなあ。

●月●日

今月はまだ脆弱性がほとんど見つかっていない。このままだと今月は報奨金はもらえないだろうなあ。節約しないと。

●月●日

今週入った新人が脆弱性を一つ発見した。これくらいできるやつばかりだったら楽なんだけどな。彼は大事に育てよう。

【プログラミング部門メンバーC】

●月●日

ファイルの暗号化を効率化するアルゴリズムを研究している。暗号化は計算量が非常に多いので、ファイルが大きかったり、数が多かったりすると非常に多くの時間がかかることになる。そうすると、途中で見つかってしまったり、一部のファイルしか暗号化できなかったりと攻撃が中途半端になってしまう。いい方法はないかなあ。

●月●日

ファイルの全部を暗号化するのではなく、ヘッダーなど一部だけを暗号化する方法を思いついて試してみた。大きいファイルが多いところでは効果絶大だ。問題は、データを復旧してしまう可能性があることだが、今のところメリットの方が大きそうな感じだ。うまくいったらボーナスもらえるかも。

●月●日

先日のアルゴリズムが正式採用されることになった！ ボーナスももらえる！

●月●日

B社のサーバーソフトで脆弱性が公表された。それを突くプログラムも次の日にはダークウェブに流れていた。うちの攻撃プログラムで活用できるように、このコードを早く組み込まないと。

【OSINT部門メンバーD】

●月●日

今日もまた「OSINTって何ですか？」と聞かれた。「オシント」って言うより「オープンソースインテリジェンス」って言った方が分かりやすいし、かっこいいと思うんだけどなあ。みんな略称使いすぎだよ。それで「公開情報からデータを収集・分析するんだよ」って説明したら、「ふーん」だって。公開情報だからってばかにするやつもいるけど、公開情報がどれだけ宝の山だか分かってなさすぎだ。メールのリンクを思わずクリックするようなソーシャル・エンジニアリングには組織名や管理職の名前とか大事だし、うちの会社の攻撃の成功率を高めるのにうちの仕事はむちゃくちゃ重要なのに。

●月●日

今日は日本のA社の情報を収集した。上場企業で10億円程度の収益があるから、

1回で数1000万円の売り上げにつながる可能性がある。老舗の会社だが、こういうところはえてしてセキュリティーアップデートをかけるのが遅い傾向にある。案の定、古いバージョンのWindowsサーバーをそのまま使っているようだ。ファイアウオールがあるから簡単には入れないかもしれないが、そこを突破すれば攻撃をしかけるのは簡単そうだ。

●月●日
ダークウェブに、B社のVPN装置の脆弱性を使って得られた、管理者ログインのためのIDとパスワードの企業別リストが出ていた。こういうのはありがたい。でも、ほかのランサムウエアの会社も同じリストを見ているはずだから、そこよりも先にアタックをかけないと。早い者勝ちだから逃すわけにいかない。

●月●日
うちの部署は歩合制なので、業績が給料に直結している。先月は攻撃がうまくいったケースが多かったので良かったが、今月は結構厳しい。少々規模が小さいところでも狙いやすい会社はターゲットにしていかないと。

【攻撃部門メンバーE】
●月●日
今日は3社に攻撃をしかけて、いずれもうまくいった。事前に相手のセキュリティー・ホールが分かっていたから、攻撃そのものは順調だったが、それでも知らない会社のネットワークに侵入するのはスリルを感じるし、うまくいけばゾクゾクする。その上、これでお金がもらえるのだからやめられない。先月は優秀社員賞でボーナスももらえたし。

●月●日
今日の作業は大変だった。サーバーに侵入するまでは造作なかったが、それから管理者権限を取ったり、クライアントに仕込みを入れたり、バックアップのサーバーを探したりといったことでかなり時間を取ってしまった。途中で見つかって止められるんじゃないかとヒヤヒヤしたが、なんとか無事に最後まで作業できた。大きな会社は、セキュリティーもそれなりにきちんとしているし、台数が多いから作業に時間がかかる。それでも入れさえすれば、たいていはなんとかなるもんだ。あらゆる穴を塞ぐなんて、まず無理だからな。

●月●日
今日は日本のＣ社を対象にソーシャル・エンジニアリングに取り組んだ。
Emotetから得られた情報を使ってメールを送ってクリックさせてウイルスを
インストールさせようとした。メールの文面も対象者ごとに変えているから、
100人送れば何人かは引っかかるもんだ。

●月●日
今日はOSINT部門から上がってきた、VPN装置のログイン情報リストを使って、
攻撃をしかけた。ちょっと古いデータだったから、もう使えないように対処
されているかと思ったが、意外と普通に入れてしまって拍子抜けした。穴が
あるよと親切に公開してあげているのにそのまま放っておくなんて、泥棒に入っ
てくれと言っているようなもんだ。とは言っても、うちの会社はデータを戻
す対価として金銭を得ているだけなので、泥棒と一緒にされては困るけどな。

●月●日
Ｂ社のサーバーソフトの脆弱性情報が公開されたので、使っている会社を探る
べく、スキャンを走らせた。100社くらい見つかったので、攻撃プログラムが
準備できたらすぐにしかけよう。それまでにセキュリティーパッチを当てて
いないことを神に祈る。

【交渉部門メンバーF】
●月●日
先日攻撃部門から報告のあったＡ社から身代金の問い合わせあり。型どおり、
年間の営業利益の3％分として返事をしておいた。ちょっとケチそうな感じ
の会社だけどどうだろうなあ。

●月●日
Ａ社は今のところ払わないで済まそうとしているようだ。このままだと取りっ
ぱぐれそうだから、データの一部を公開してしまおう。これで翻意してくれ
ればいいが。

●月●日
Ａ社からは振り込みあり。最近は払い渋る会社が多くて困るよ。利益も下降
傾向だし、新たな方策を考えないといけないな。

【管理職G】

●月●日

今月の売り上げは目標未達になりそうだ。脆弱性発見、ソーシャル・エンジニアリング、どこに力を入れるかまた考えないと。1回の攻撃に時間がかかりすぎるのも仕事の効率化アップの妨げになっている。もっと自動スクリプトだけで攻撃できるようにして多くの会社を攻撃したい。

●月●日

我々にとって上顧客とは、金払いがよく、セキュリティーが甘い会社だ。会社の規模が大きくて、多くの身代金を払ってくれればさらに言うことはないが、さすがにそれほど世の中甘くない。大きい会社は侵入するのも大変だ。そういう意味では、大きな会社の子会社や海外の子会社や拠点とかは親会社よりはセキュリティーが甘いことが多いので入りやすいし、うまくいったら親会社に侵入する足がかりにもなる。あと、小さな会社でも金払いがよければ日銭を稼ぐのに役に立つ。結局、この業界でも「一本足打法」では何かのときに行き詰まってしまうので、いろいろな収益源を確保しておくのが大事ということだ。

第 **4** 章

ランサムウエアによる
手口と攻撃者像

4-1
ランサムウエアは何をするのか

　この章では、実際にランサムウエアに感染すると、どのようなことがコンピューター上で行われるのか説明します。

4-1-1　ファイルの暗号化

　図表4-1、4-2は、それぞれコンティ（Conti）、ロックビット（LockBit）2.0と呼ばれているランサムウエアによって、暗号化されてしまったコンピューター上のファイルの例です。

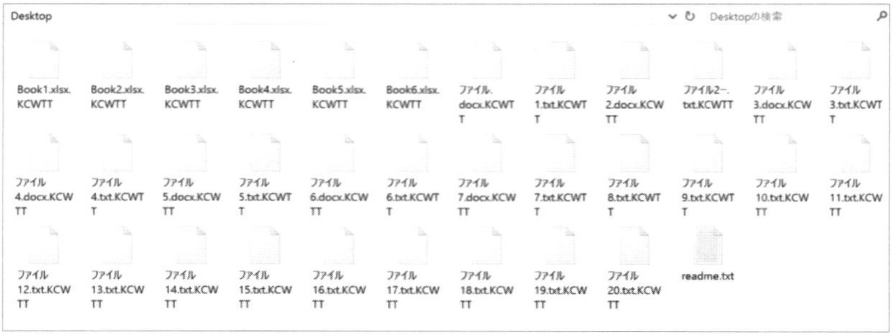

図表4-1　コンティランサムウエアによって暗号化されたファイル

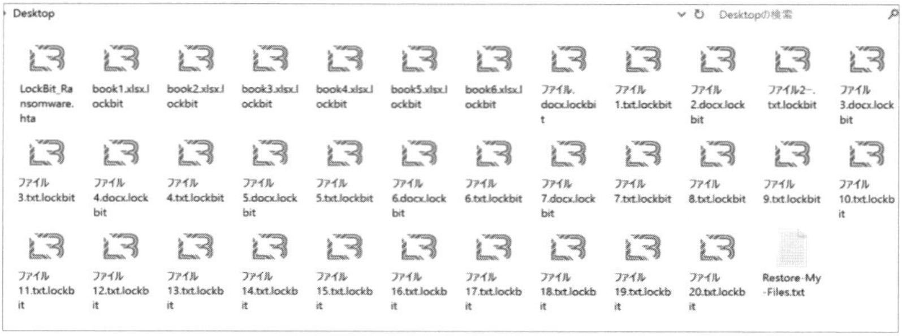

図表4-2　ロックビット2.0ランサムウエアによって暗号化されたファイル

コンティランサムウエアの場合、拡張子に.KCWTTが追加されています。ランサムウエアは暗号化する際、このような独自の拡張子に付け替えるのが普通です。また、ランサムウエアは、全てのファイルを暗号化するのではなく、攻撃者が指定した種類のファイル（拡張子）をメインに暗号化していきます。**図表4-3**は、コンティランサムウエアのプログラムを解析した一部ですが、「.4dd」「.4dl」などの拡張子のファイルが指定されているのが分かります。このようにコンピューター上のファイルが暗号化対象か、または、暗号化を行わないファイルやフォルダかなどもランサムウエアによっては、確認して、暗号化していきます。

```
00D3EB74   003272E8   L"C:\\Users\\desktop.ini"
00D3EB78   00D3F6C5   L".4dd"
00D3EB7C   00D3F840   &L"C:\\Users\\desktop.ini"
00D3EB80   03CE0000
00D3EB84   00327438          拡張子が「.4dd」かチェック
00D3EB88   00D3F6C5   L".4dd"
00D3EB8C   00D3F6B9   L".4dl"
00D3EB90   00D3F0AD   L".accdb"
00D3EB94   00D3F09D   L".accdc"      攻撃者によって
00D3EB98   00D3F0BD   L".accde"      指定された暗号化する
00D3EB9C   00D3EE61   L".accdr"      拡張子のリスト
00D3EBA0   00D3F08D   L".accdt"      （一部抜粋）
00D3EBA4   00D3F07D   L".accft"
00D3EBA8   00D3F6AD   L".adb"
00D3EBAC   00D3F6A1   L".ade"
00D3EBB0   00D3F695   L".adf"
00D3EBB4   00D3F689   L".adp"
```

図表4-3　ランサムウエアに含まれた暗号化する拡張子をチェックする設定

ランサムウエアによって暗号化されたファイルは、基本的には攻撃者が持っている鍵がないと復号できません。攻撃者は、ファイルを暗号化する際、公開鍵暗号方式というものを使用します。この暗号方式では、暗号化に使う鍵と復号に使う鍵が別々に存在し、攻撃者は暗号化用の鍵のみ被害ホストに持ち込み暗号化を行います。そのため、被害にあったホストをどれだけ調べても、復号のための鍵は取り出せません。この復号鍵を、身代金と交換することを攻撃者は、要求します（**図表4-4**）。

4

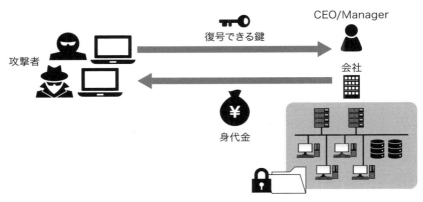

図表4-4　身代金と交換される復号鍵のイメージ

　復号鍵なしでファイルを復号することは難しいですが、身代金を払うことなく復号鍵が得られるケースが3通りあります。1つ目は、犯人が逮捕されて、法執行機関が復号鍵を公開するケース。2つ目は、セキュリティー研究者がランサムウエアの不備を見つけ（暗号処理等）[1]、復号鍵をリリースするケースです。3つ目は、活動を終えたランサムウエアに関して、攻撃者が復号鍵を公開する場合です。このように、暗号化されたファイルを復号するためのツールは、「NO MORE RANSOM」[2]のウェブサイトなどで公開されています。

4-1-2 連絡手段を記したランサムノート

　多くのランサムウエアは、コンピューターを感染させると、**図表4-5**、**図表4-6**のような「ランサムノート」と呼ばれているファイルを作成します。このランサムノートには、どのようなアクション（身代金を払う方法）を取れば、復号できるかが書いてあります。

　最近は、身代金の額を提示せず、攻撃者とインターネット上のチャットでつながるリンクだけが書いてあるケースが多くなっています。チャットで直接連絡を取りながら、その中で身代金を要求される形になります。

```
readme.txt  ×

All of your files are currently encrypted by CONTI ransomware.
If you try to use any additional recovery software - the files might be damaged or lost.

To make sure that we REALLY CAN recover data - we offer you to decrypt samples.

You can contact us for further instructions through:
Our email:

Our website:
TOR VERSION : 
(you should download and install TOR browser first https://torproject.org )

HTTPS VERSION :

contirecovery.info

YOU SHOULD BE AWARE!
Just in case, if you try to ignore us. We've downloaded your data and are ready to publish it on out news website if you do not respond.
So it will be better for both sides if you contact us ASAP

---BEGIN ID----
---END ID----
```

図表4-5　コンティランサムウエアのランサムノート(readme.txt)

```
Restore-My-Files.txt  ×

LockBit 2.0 Ransomware

Your data are stolen and encrypted
The data will be published on TOR website                        and                    if you do not pay the ransom
You can contact us and decrypt one file for free on these TOR sites

OR

Decryption ID:
```

図表4-6　ロックビット2.0ランサムウエアのランサムノート(Restore-My-Files.txt)

　図表4-7は、ロックビット2.0ランサムウエアによって、感染したコンピューターの壁紙が変更されてしまったものです。暗号化したファイルについて情報が欲しい場合、**図表4-6**のRESTORE-MY-FILES.TXTを見るように促している文言が確認できます。また、被害者に対して、「大金を稼ぎたくはないか?」というようなメッセージがあります。攻撃者に、会社の認証情報を提供、さらに攻撃者からのウイルス付きメールを会社のコンピューター上で開き、ウイルスを実行するように誘う文章が記載されています。給料や待遇などに不満を持った社員を協力者としてリクルートしようとしていることも分かります。

図表4-7　ロックビット2.0ランサムウエアのランサムノート(壁紙の変更)

4-1-3 バックアップの削除

　ランサムウエアは、ファイルを暗号化するだけではなく、ボリュームシャドウコピーやバックアップカタログと呼ばれているバックアップを削除する機能を持っています。ボリュームシャドウコピーは、Windowsのストレージ機能の一つであり、削除される前の時点のコピーが存在している場合、削除したファイルを復元できる可能性があります。これを消すことで復元を難しくするわけです。

　ボリュームシャドウコピーの削除には、WMI（Windows Management Instrumentation）やvssadminというWindowsの標準機能が使われます。**図表4-8**は、ランサムウエアによって起動されたWMIC.exe（WMIのコマンドライン版のプログラム名）を用いて、ボリュームシャドウコピーを削除するプロセスです。また、イベントログの設定にて、WMI-Activityのトレースを有効にしていた場合、**図表4-9**のようなイベントログに記録が残ります。WMIにより、ボリュームシャドウコピーが削除されたことが確認できます。

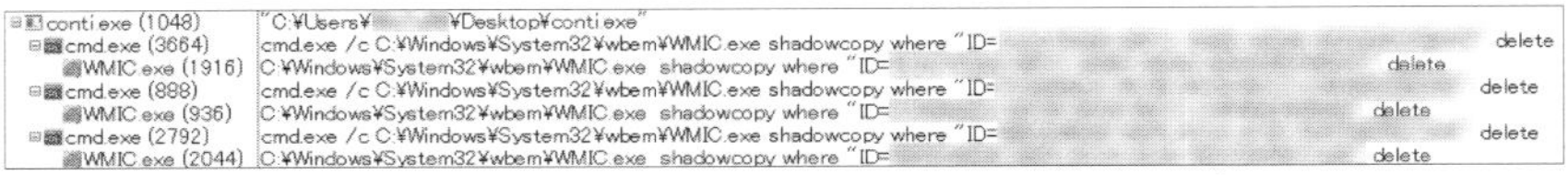

図表4-8　WMICコマンドで、ボリュームシャドウコピーを削除するプロセス

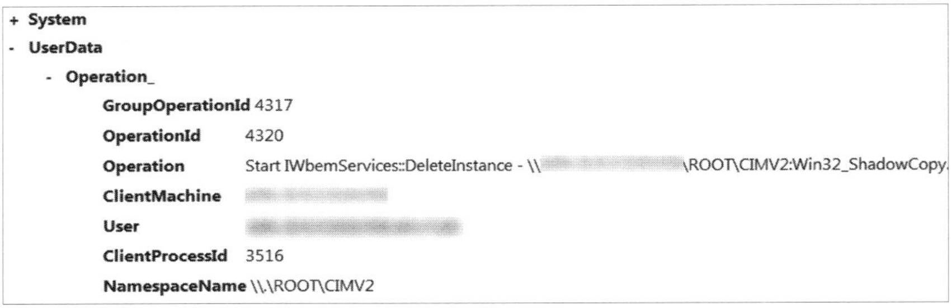

図表4-9　WMIによるボリュームシャドウコピー削除が記録されたイベントログ

　バックアップカタログは、wbadminコマンドを使用して、「wbadmin delete catalog -quiet」を実行することで削除されます。このバックアップカタログには、バックアップの対象となったボリュームやバックアップの保存場所など、バッ

クアップに関する詳細が保存されています。攻撃者は、ランサムウエアによって感染させたコンピューターを復元させないように、感染したコンピューターのバックアップデータを削除します。

4-1-4 リカバリーモードでのシステム起動の防止と ファイアウオールの無効化

リカバリーモードでのシステム起動を防止するため、bcdeditというブート構成データ（BCD）を管理するためのコマンドラインツールが使われます。以下のコマンドが、実行されます。

```
bcdedit /set {default} bootstatuspolicy ignoreallfailures
（全てのブートエラーを無視し、Windowsを通常通り開始する）
bcdedit /set {default} recoveryenabled no
（自動修復機能を無効にする）
```

4

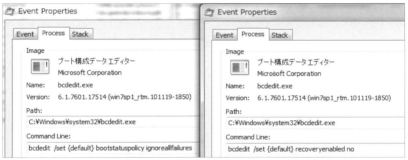

図表4-10　ランサムウエアによって実行されるbcdeditコマンドのプロセス

ローカルシステムのファイアウオールの無効化には、netshというネットワークコマンドシェルが使われ、以下のコマンドが、実行されます。

```
netsh advfirewall set currentprofile state off
（現在のファイアウオールポリシー無効化）
netsh firewall set opmode mode=disable
（ファイアウオール無効化）
```

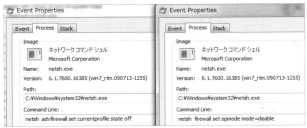

図表4-11　ランサムウエアによって実行されるnetshコマンドのプロセス

4-1-5 プロセスやサービスの強制終了

　ランサムウエアの種類によっては、攻撃者により指定されたプロセスやOS
の標準サービス、セキュリティー対策ソフトなどを強制終了させます。**図表
4-12**は、メガコーテックス（Megacortex）というランサムウエアを実行した際に、
taskkill.exeやnet.exe、sc.exeなどを用いてプロセスやサービスの停止を行なっ
ている様子を示し、以下のコマンドが実行されます。図の黒枠で囲んだ一例では、
SamSs（Security Accounts Managerサービス）というWindowsのアクセス権
やセキュリティー設定を行うサービスを無効にしていることが確認できます。

```
taskkill /im プロセス名 /f
（指定したプロセスの終了）
net stop サービス名 /y
（指定したサービスの停止）
sc config サービス名 start=disabled
（指定したサービスの起動を無効）
```

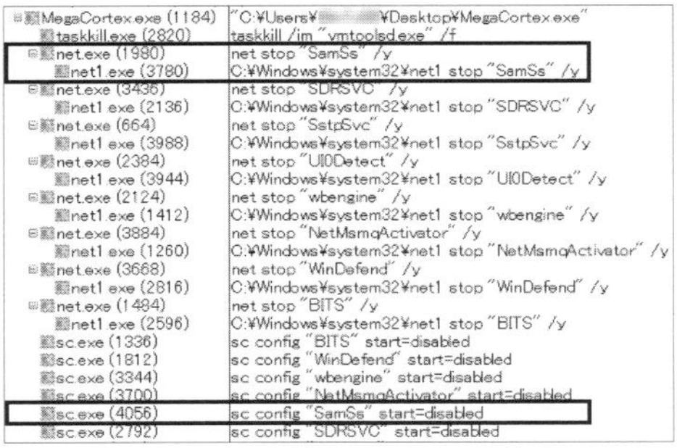

図表4-12　ランサムウエアによってプロセスやサービスが強制終了される様子

4-1-6 感染の広がり（横展開）

　ランサムウエアに感染したときの被害は、最初に感染したコンピューターだけにとどまりません。そのコンピューターを基点として、同一ネットワーク上の他の端末や接続されているネットワークドライブ（ファイルサーバーなど）のファイルが暗号化されます。さらに、感染端末が通常通り動作しなくなる可能性もあり、業務システムで使用しているサーバーや工場に関連するシステムが被害にあった場合、影響が拡大してしまいます。

　ランサムウエアの種類によって、感染端末を基点とし、ウイルス自体も拡散し暗号化するパターンと、ウイルスは拡散せず他コンピューターのファイル等のみを暗号化する2つのパターンがあります。また、端末がシャットダウンまたは、スリープしていたとしてもリモートからネットワークを通じ、コンピューターを起動するWake-On-Lanという機能によって強制的に電源をONにし、暗号化を行うランサムウエアもあります。

4

感染端末

図表4-13　同一ネットワーク端末への感染拡大

　図表4-14の例では、ランサムウエアが、ファイル共有などで使用されるプロトコルSMB（サーバーメッセージブロック）を用いて、他端末のIPC$（管理共有）へアクセスする様子を示しています。アクセスが確認でき次第、ファイルを暗号化していきます。

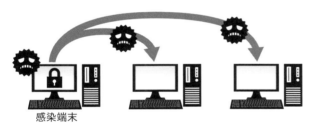

192.168.100.150	192.168.100.200	SMB2	717 Session Setup Request, NTLMSSP_AUTH, User:
192.168.100.200	192.168.100.150	SMB2	139 Session Setup Response
192.168.100.150	192.168.100.200	SMB2	174 Tree Connect Request Tree: \\192.168.100.200\IPC$
192.168.100.200	192.168.100.150	SMB2	138 Tree Connect Response
192.168.100.150	192.168.100.200	SMB2	190 Create Request File: srvsvc
192.168.100.200	192.168.100.150	SMB2	210 Create Response File: srvsvc
192.168.100.150	192.168.100.200	SMB2	162 GetInfo Request FILE_INFO/SMB2_FILE_STANDARD_INFO File: srvsvc
192.168.100.200	192.168.100.150	SMB2	154 GetInfo Response

IPC$へのアクセス試行

図表4-14　ランサムウエアがSMBで他端末の管理共有へアクセスする様子（例）

4-1-7　BitLockerを用いたドライブの暗号化

　上記で紹介したランサムウエアの暗号化とは手法が異なりますが、Windowsの標準機能であるBitLockerを悪用してドライブごと暗号化を行う攻撃者も存在しています[3]。　ドライブの復号には、攻撃者のみが知っているパスワードが必要です。以下のコードは、reg addコマンドを使用して、BitLockerに関連するレジストリーに複数のキーを追加し、暗号化の準備を行っています。

```
REG ADD HKLM\SOFTWARE\Policies\Microsoft\FVE /v EnableBDEWithNoTPM /t REG_DWORD /d 1 /f
REG ADD HKLM\SOFTWARE\Policies\Microsoft\FVE /v UseAdvancedStartup /t REG_DWORD /d 1 /f
REG ADD HKLM\SOFTWARE\Policies\Microsoft\FVE /v UseTPM /t REG_DWORD /d 2 /f
REG ADD HKLM\SOFTWARE\Policies\Microsoft\FVE /v UseTPMKey /t REG_DWORD /d 2 /f
REG ADD HKLM\SOFTWARE\Policies\Microsoft\FVE /v UseTPMKeyPIN /t REG_DWORD /d 2 /f
REG ADD HKLM\SOFTWARE\Policies\Microsoft\FVE /v RecoveryKeyMessage /t REG_SZ /d '攻撃者が
指定するサイト' /f
REG ADD HKLM\SOFTWARE\Policies\Microsoft\FVE /V RecoveryKeyMessageSource /t REG_DWORD /d
 2 /f
REG ADD HKLM\SOFTWARE\Policies\Microsoft\FVE /v UseTPMPIN /t REG_DWORD /d 2 /f
```

　さらに、以下のコードでBitLockerの機能を有効にし、Cドライブの暗号化を行います。

```
enable-BitLocker -EncryptionMethod Aes256 -password $securepassword
-mountpoint $ENV:SystemDrive  -PasswordProtector -skiphardwaretest
-UsedSpaceOnly
（コード例　一部抜粋）
```

　再起動後、BitLockerのキー入力画面からエスケープキーで回復画面に遷移すると**図表4-15**のような画面が表示されます。メッセージには、攻撃者が管理しているサイトへのアクセスを促すような内容が記されています。このサイトを通じ、被害者に対して、パスワードと引き換えに身代金の請求を行います。

図表4-15　攻撃者によって変更されたリカバリーメッセージ

4-1-8 身代金を払わせるためにどのような脅迫を行うのか？

　2019年後半ごろからランサムウエアによる攻撃は、二重脅迫の手法を用いる攻撃が多く確認されるようになりました。メイズ（Maze）というランサムウエアによって、初めて使われたこの攻撃手口は、機密情報などを窃取した後に、ランサムウエアによってデータを暗号化し、身代金を要求します。

　図表4-5、図表4-6で紹介しましたコンティとロックビット2.0のランサムノートにも、「身代金に応じなければ、窃取した情報を公開する」と記載されていることが確認できます。

　最近増えているのが第3の脅迫手段となるサービス拒否（DoS）です。被害を受けた組織のWebサイトなどに大量のデータを送りつけて、通常のレスポンスができないようにします。この攻撃手法については、ダークウェブ上でDoS攻撃に使用するツールの購入や、DoS攻撃の依頼を行うことが可能なため、攻撃者にとっては、比較的容易に実行できるものだと考えられます。

　また、海外の事例になりますが、2021年にはパロアルトネットワークスが、四重脅迫の増加を報告しています。

図表4-16　増える脅迫手段
出典：パロアルトネットワークスのブログ[4]

1.暗号化	暗号化されたデータや重要ファイルが暗号化されて機能しなくなったコンピューターシステムへのアクセス回復のため被害組織は身代金を支払う
2.データ窃取	身代金が支払われない場合、攻撃者は機密情報等を公開する
3.サービス拒否(DoS)	被害組織のWebサイトなどを停止させるサービス拒否攻撃を行う
4.ハラスメント	攻撃者は、顧客、ビジネスパートナー、従業員、メディアなどに連絡を取り、組織がハッキングされたことを伝える

　今後、**図表4-16**に記載していない新たな脅迫方法を攻撃者が考案し、被害組織に実施する可能性も大いにあります。このようにランサムウエアによる暗号化を行った後、攻撃者は、あらゆる手段を用いて、身代金を回収しようとします。

4-2
どこから感染してしまうのか

　攻撃者はランサムウエアを仕掛けるために組織の中に侵入して、感染させます。主な経路として、6パターンの方法があります。

- ・メールから感染
- ・リモートデスクトップ（RDP）からの感染
- ・改ざんされたウェブサイトからの感染
- ・ネットワーク機器などから感染
- ・別のウイルスから感染
- ・社員買収など組織内部からの感染

4-2-1 メールからの感染

　図表4-17は、2016年ごろからメール経由で感染が拡大したロッキー（Locky）ランサムウエアをダウンロードするメールの例です。メール本文には、添付ファイルとメール本文に埋め込まれたダウンロードリンクがあります。本文の内容に関しては、正規の請求書だと受信者に思わせるような内容になっており、偽装しています。

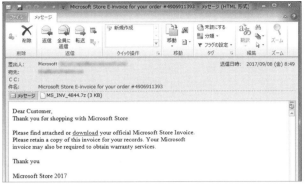

図表4-17　ロッキーランサムウエアをダウンロードさせるメール

　添付ファイルは、7zで圧縮されており、VBScript（vbs）ファイルが入っています。このファイルを実行、または、埋め込まれているダウンロードリンクをクリックすることで、ランサムウエアがダウンロードされます。

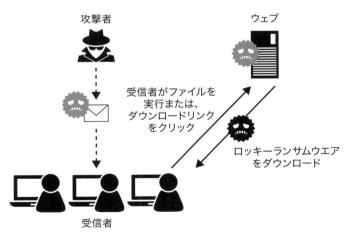

図表4-18　攻撃メール受信からランサムウエアダウンロードまでの流れ

4-2-2 リモートデスクトップ（RDP）からの感染

　外部に公開しているRDPサーバーに、攻撃者が窃取した資格情報やブルート

フォース攻撃（パスワード総当たり攻撃）などを用いてログインし、組織ネットワークに侵入します。脆弱なパスワードが設定されていると、ログインされてしまう可能性が高くなります。

　RDPは、悪用されたアカウントの種類によっては、システムに対するフルアクセス権限まで取得できます。また、侵入に使ったアカウントが制限されたアカウントだとしても、そこから別のシステムの脆弱性などを見つけることによって、上のアクセス権限を得る場合もあります。攻撃者は、侵入後、ネットワークを調査し、アクセスできるサーバーにRDP接続や、他のWindows機でコマンドを実行させるPsExecなどで組織内の他のコンピューターに侵入し、ランサムウエアに感染させていきます。

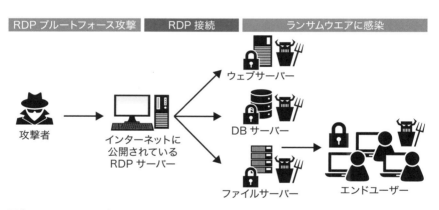

図表4-19　RDPから侵入されランサムウエアに感染する

4-2-3 改ざんされたウェブサイトからの感染

　改ざんされたウェブサイトからの感染は、ドライブバイダウンロード攻撃と呼ばれる手法で行われます。ドライブバイダウンロードとは、ウェブサイトにウイルスを仕掛けておき、アクセスしてきた利用者が知らないうちに、それらを自動でダウンロードまたは、実行させる攻撃です。閲覧したユーザーは、ウイルスに感染してしまいます（**図表4-20**）。

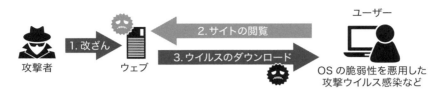

図表4-20 　基本的なドライブバイダウンロード攻撃

ランサムウエアに感染させるケースとして多いのが、このドライブバイダウンロード攻撃に、「エクスプロイトキット」を連携させるパターンです。エクスプロイトキットは、コンピューターなどの様々な脆弱性を検証できる複数の攻撃コードがまとめられたハッキングツールです。このツールは、プログラムや脆弱性に専門的な知識がなくても、サイバー攻撃を可能にするため、攻撃者に広く流通されるようになりました。

図表4-21は、エクスプロイトキットを経由して、ランサムウエアに感染する例を示しています。攻撃者は、まずウェブサイトにある広告を、エクスプロイトキットがホストされているページへ転送するためのコードを埋め込み、改ざんします。その後、ユーザーが、改ざんされたウェブサイトへアクセスすると、エクスプロイトキットが設置されているページへ転送されます。最終的に、ユーザーのOSやソフトウエアの脆弱性を悪用され、ランサムウエアがダウンロード及び実行し、ユーザーのコンピューターが感染します。

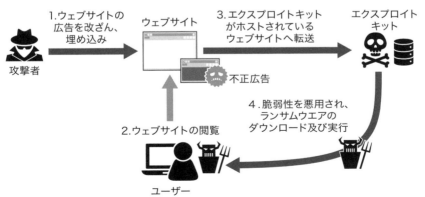

図表4-21 　エクスプロイトキット経由でのランサムウエア感染

　図表4-20、図表4-21で紹介したドライブバイダウンロード攻撃のパターンに加え、「水飲み場攻撃」と呼ばれる手法を用いて、ランサムウエアに感染させる例が確認されています。

　水飲み場攻撃とは、まず攻撃者が、事前に標的企業がよく閲覧するウェブサイトを調査し、改ざんします。標的となった企業のユーザーが改ざんされたウェブサイトにアクセスすることで、ドライブバイダウンロードでユーザーがウイルスに感染します。

　日本で水飲み場攻撃が使用された例としては、2022年3月に情報が公表されたものがあります[5]。この事例では、外部のウェブサイトからソフトウエアをダウンロードしたところ、その外部のウェブサイトが改ざんされており、ランサムウエアの侵入原因であるソフトウエアが同時にダウンロードされてしまいました。

　図表4-22の3でダウンロードされたウイルスが、新たにランサムウエアをダウンロードすることが、水飲み場攻撃を使用したケースでは、確認されています。

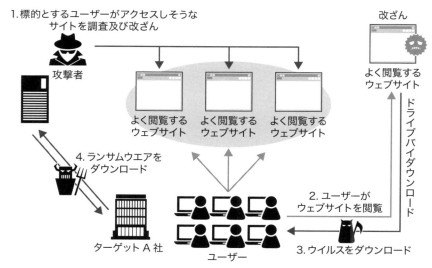

図表4-22　水飲み場攻撃によるランサムウエア感染（例）

4-2-4 ネットワーク機器などの脆弱性が悪用され、感染

　ネットワーク機器は、コンピューターと比べてセキュリティー対策がおざなりにされていることが多く、しばしば侵入に使われます。ここではVPN（仮想プライベートネットワーク）機器、ウェブサーバーなどから最終的にランサムウエアへの感染する事例を取り上げます。

　VPNを狙う攻撃は、2020年から活発に確認されるようになりました。**図表4-23**は、セキュリティー監視センターJSOCにて2019年9月から2022年7月31日の期間に検知した、VPN機器を狙った送信元IPアドレス別の攻撃数の推移を表しています。2019年12月にシトリックスによって脆弱性（CVE-2019-19781）情報が公開され、2020年1月から本格的に攻撃が始まったのを皮切りに、他の機器に対しても脆弱性を悪用し、攻撃が継続していることが分かります。

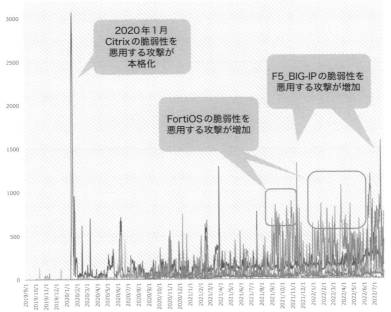

図表4-23　VPN機器を狙った攻撃_送信元IPアドレス数の推移
出典：JSOC

　図表4-24は、FortiGateのSSL-VPNデバイスの脆弱性を悪用し、ランサムウ
エアがダウンロードされてしまう事例を示しています。

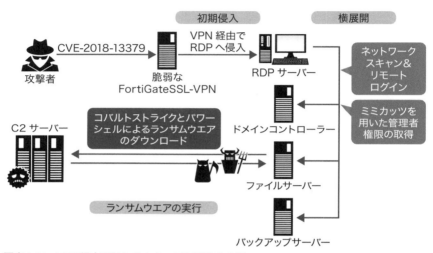

図表4-24　VPN経由でランサムウエアに感染する例

　侵入の初期段階では、FortiGateの脆弱性（CVE-2018-13379）を悪用し、平文
のIDとパスワードを取得します。**図表4-25**が示すとおり、脆弱性を突くこと
によって、FortiGateに設定されていたIDとパスワードが、画面に平文で表示
されていることが分かります。攻撃者は、取得したアカウント情報を使用し、
VPN接続を介して、被害者のシステムにログインします。
　被害者のシステムに侵入した攻撃者は、アドバンスドポートスキャナーな
どのスキャナーを使用し、ネットワークを探索します。さらに、ミミカッツ
（Mimikatz）などのツールを使用して、ドメイン管理者権限を取得し、ドメイン
に属している各重要サーバーを侵害します。攻撃者は、組織内の機密データを
外に持ち出した後、ペネトレーションツールであるコバルトストライクやパワー
シェルを使用することによって、ランサムウエアをダウンロード及び実行し、
被害者のデータを暗号化して、使用不能にします。

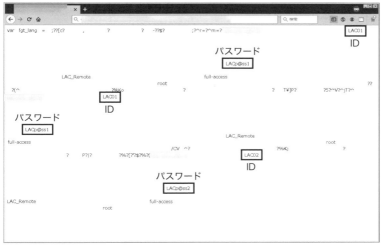

図表4-25　FortiGateの脆弱性により平文のIDとパスワードの取得
出典：JSOC

　2022年1月に、日本の会社がウェブサーバーの脆弱性を突かれ、ランサムウ
エアに感染する事例が確認されました。**図表4-26**は、公表された資料[6]をもと
に、侵入経路から、ランサムウエアに感染するまでの流れを作成したものです。
攻撃者は、社員向けアクティブディレクトリー（AD）のパスワードの変更やリ
セット機能を提供するウェブサービスに、リバースプロキシサーバーを介して、
侵入しました。その後、上記ウェブサービスの脆弱性を悪用し、バックドアの
作成やウイルス対策ソフトを回避するウイルスの配置を行い、ADサーバーを
掌握します。ADドメインに属している機器に対して、グループポリシー利用し、
ランサムウエアを配布しました。

4

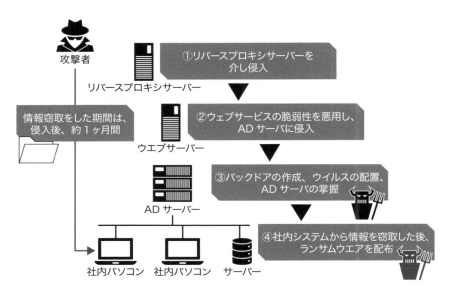

図表4-26 ウェブサーバーの脆弱性を突いた攻撃の流れ（事例に基づく）

ランサムウエアの種類としては、暗号化されたファイルの拡張子が「nightsky」に変更されたことから、ナイトスカイ（NightSky）ランサムウエアだと考えられます。マイクロソフトによると、このランサムウエアは中国を拠点とするサイバー攻撃グループDEV-0401によって使用されていると報告されています[7]。また、調査によると、この攻撃グループは、1月4日からVMware Horizonを実行しているインターネット接続されたシステムに対して、Apache Log4j（CVE-2021-44228）の脆弱性を悪用し始めたとあります。この攻撃で侵入に成功すると、ナイトスカイランサムウエアが展開されたと確認されています。日本での事例がApache Log4j の脆弱性を用いたかは不明です。

Apache Log4jの脆弱性を悪用する攻撃は、この脆弱性の注意喚起が公表された[8] 2021年12月から観測され、ピーク時にJSOCでは、3万件以上の攻撃元IPアドレスが検知されました。この事例の攻撃があった1月には、10分の1まで減少しましたが、1日3000件を超える攻撃を引き続き検知していました（**図表4-27**）。

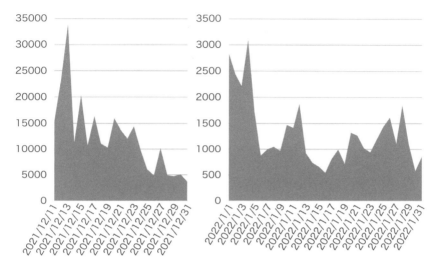

図表4-27　Apache Log4jの脆弱性を狙う攻撃_送信元IPアドレス数の推移
（2021年12月11日から2022年1月31日）
出典：JSOC

　2021年4月に始めて観測されたQNAP製のNASを狙うランサムウエア攻撃は2022年にも引き続き被害が発生しています。攻撃者は、インターネットに公開されたNASに対して、ゼロデイの脆弱性（未公表の脆弱性のこと）を悪用していると主張しています。

Important Message for QNAP

All your affected customers have been targeted using a zero-day
vulnerability in your product. We offer you two options to mitigate this
(and future) damage:

図表4-28　ランサムノートに記載されている攻撃者からのメッセージ（抜粋）

　2022年1月に確認されたデッドボルト（DeadBolt）ランサムウエアを使用した攻撃では、5月に新たな攻撃キャンペーンを行なっているとして、6月にQNAPが注意喚起を行なっています[9]。デッドボルトランサムウエアに感染すると、NAS内のファイルが暗号化され、拡張子が「.deadbolt」に変更されます。また、ランサムノートに関しては、NASへのログインページを改ざれ、表示さ

れます（**図表4-29**）。

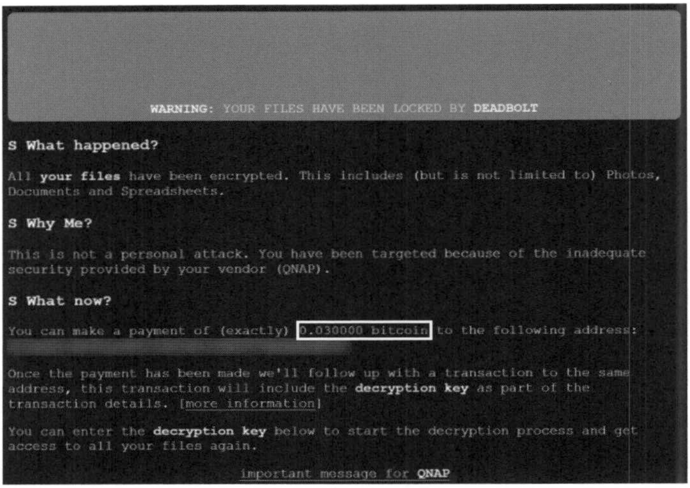

図表4-29　デッドボルトランサムウエアのランサムノート

　2022年8月15日時点では、インターネットに公開されているQNAP製NAS
のOSであるQTSを利用するサーバーは、日本国内で、1万4853台が確認でき
ます（**図表4-30**）。同日時点のデッドボルトランサムウエアによって実際に暗
号化されたNASの数は、996台となっており、多くのユーザーが被害に遭って
いる可能性があります。

　攻撃者が要求するビットコインの額が0.03ビットコイン（約10万円）と、他
のランサムウエアと比べると比較的少額であることから、インターネットに公
開されている同社製品を不特定多数で狙い、収益を上げている可能性がありま
す。滋賀県警によって公表されている資料では、製造業（社員数11人から30人）、
建設業（社員数10人以下）、事務所（個人事務所・社員数10人以下）など小規模
な組織が被害に遭う事例も確認されています[10]。デッドボルトランサムウエア
は、QNAP製のNAS以外にも、ASUSTOR製のNASもターゲットにしています。
今後上記の製品に限らず攻撃が及ぶ可能性があり、引き続き注意が必要です。

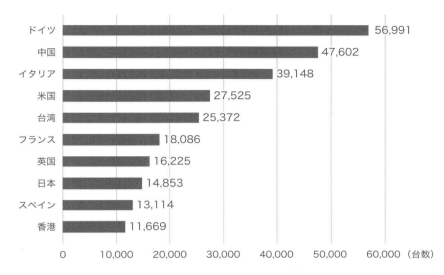

図表4-30　インターネット上に公開されているQNAP社製NAS OS QTSの台数
上位10カ国（Shodan調べ）

4-2-5 別のウイルスからランサムウエアに感染

　ウイルスに感染し、そのウイルスが新たにランサムウエアをダウンロードし、感染させるというケースも最近では、増え始めています。

　ここでは、現在も脅威が続いているエモテット（Emotet）というウイルスから最終的に、ランサムウエアがダウンロードされるケースを紹介します。

　エモテットの感染を目的としたメールは、2022年10月時点で、**図表4-31**のAのマクロ付き文書ファイル、BのPDFファイルのURL、Cのメール本文のURL、Dのショートカットリンクファイルの4つのパターンがあります。

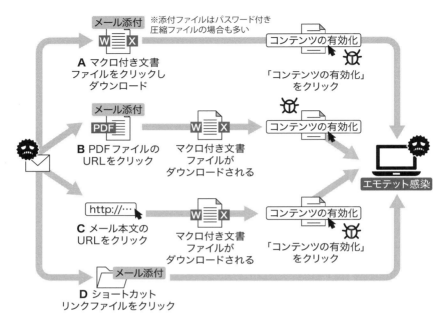

図表4-31　エモテット感染までの流れ
出典：ラック「Emotet最新動向と対策」[11]

　パターンDを除く、A、B、Cでは、最終的に不正なマクロが付いた文章ファイルをユーザーが開き、「コンテンツの有効化」をクリックすることでマクロが実行され、エモテットをダウンロードした後に、感染にいたります。

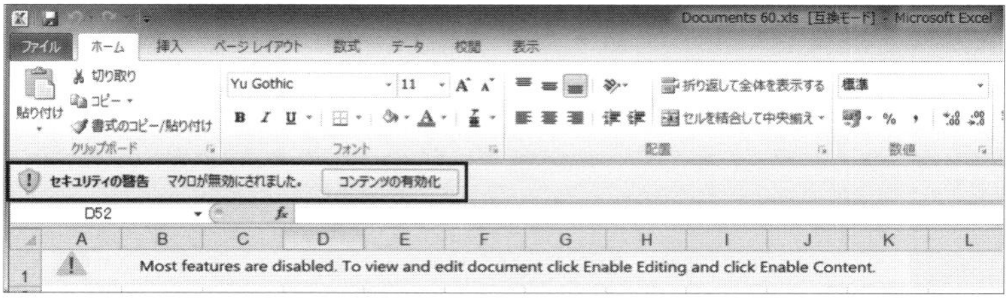

図表4-32　エモテットへの感染を引き起こす文書ファイル（2022年7月時点）

　エモテットに感染してしまった場合、ユーザーの気づかないうちに、メールや添付ファイル、メールアドレス、ウェブブラウザーやメーラーに保存された

パスワードなどの情報が窃取されることや、エモテットへの感染を引き起こすメールを他の組織や個人に送信することがあります。また、自組織内のネットワークの他のコンピューターへ感染を広げる機能も存在するため、自組織の多数のコンピューターがエモテットに感染する可能性もあります。

　これらの動作は、エモテットがモジュールと呼ばれる追加機能をダウンロードした場合に起こるため、被害は環境や状況に応じて異なります。**図表4-33**では、エモテットに感染した後、リューク（Ryuk）というランサムウエアに感染する例を示しています。①でエモテットに感染後、攻撃者が管理するサーバーに通信し、追加のウイルスとしてトリックボット（TrickBot）が感染端末にダウンロードされます。②トリックボットに感染後、C2サーバーと通信し、攻撃者の判断に基づいて、③リュークランサムウエアに感染します。攻撃者がターゲットを選定することによって、ウイルス解析者の解析妨害や攻撃者の動きを察知されるのを遅らせる効果があると考えられます。

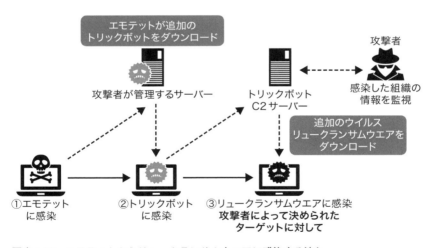

図表4-33　エモテットからリュークランサムウエアに感染する流れ

4-2-6　内部からの侵入

　ランサムウエアによる攻撃は、外部からだけでなく、内部から起こる場合もあります。**図表4-34**は、攻撃者が、ランサムウエア攻撃の標的にしている会社

の従業員へ、攻撃支援を受けるために連絡した割合を示しています。Hitachi IDの調査では、2021年秋に行った同様の調査と比較すると、従業員への連絡があったという回答が17ポイントも上がり回答者の65%となっています。

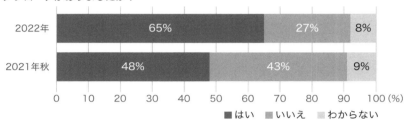

自身や自社の従業員に対して、攻撃者からランサムウエア攻撃の支援をお願いするアプローチがありましたか?

図表4-34　攻撃者からランサムウエア攻撃支援のために従業員に連絡をとった割合
出典：Hitachi ID[12]
「Hackers Have Approached 65% of Executives or Their Employees To Assist in Ransomware Attacks」のデータから作成

　同調査では、攻撃者からの連絡手段についても触れられており、メールやソーシャルメディアが合わせて8割と最も多い回答でしたが、直接電話があったとの回答が27%もありました。

　2021年8月には、ナイジェリアを拠点とするランサムウエアグループが、従業員に対して、ランサムウエアが実行できた場合、推定身代金250万ドルの40%に当たる100万ドルをビットコインで支払うと連絡するメッセージを送っています。

```
From                       ☆
Subject Partnership Affiliate Offer        8/12/21, 12:03 PM
To undisclosed-recipients:; ☆
---------------------------------------------------------------
if you can install & launch our Demonware Ransomware in any
computer/company main windows server physically or remotely

40 percent for you, a milli dollars for you in BTC

if you are interested, mail:

Telegram :
```

図表4-35　攻撃者からのファーストコンタクト（実例を元に作成）
出典：Abnormal Blog[13]
「Nigerian Ransomware: An Inside Look at Soliciting Employees to Deploy DemonWare」

　図表4-36は、フィンセブン（FIN7）という攻撃グループが、米国の企業に対して送付されたウイルス入りのUSBです。最終的に、ランサムウエアがダウンロードされるケースが確認されています。手紙には次のような内容が書かれていました。

　　　いつもBest Buyをご愛好いただき誠にありがとうございます。感謝の気持ちを込めて、50ドルのギフトカードをお送りいたします。USBメモリー内の商品リストの中から、お好きなものにお使いください。数ある会社から私たちをお選びいただきありがとうございます。

図表4-36　ギフトとして送られてきたウイルス入りのUSB
出典：Trustwave SpiderLabs Blog[14]

　図表4-37は、送付されたUSBからウイルスがダウンロードされるまでの流れです。
　送付されたUSBを、コンピューターに挿入すると、キーボードとして認識され、パワーシェルコマンドが自動でタイプされます。図の3でタイプされたパワーシェルが、新たなパワーシェルをダウンロードし、実行させます。コンピューターがウイルスに感染後、JavaScriptをダウンロード及び実行されます。その後、C2サーバーから送られているJavaScriptコードによって、感染端末で行われる

挙動は変わりますが、任意のコマンドが実行可能になります。C2サーバーから送られてくる指令によって、最終的にランサムウエアがダウンロードされ、感染するケースが確認されています。

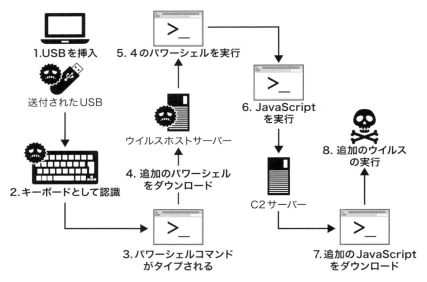

図表4-37 USB挿入からウイルス実行までの流れ

4-3
攻撃者グループのリークされた情報

4-3-1 流出した文書ファイル

2022年2月28日に、コンティというランサムウエアを使用しているグループの内部情報とされるデータがリークされました。本項では、主に、リークされた攻撃者マニュアルやチャットログの内容を紹介していきます。なおリークされた内容は、ロシア語や英語で記載されていたため、翻訳には機械翻訳を用いています。

　流出した文書ファイルやチャットログの解析からコンティは、組織化された構成であることが分かりました。**図表4-38**は、リークされた文書に含まれていたテクニカルマネージャーマニュアルの一部です。項目が1から7まで記載されており、テクニカルマネージャーとしての活動内容、評価、働く姿勢、責任や権限などについて記されています。

3.あなたの活動は、単にタスクを設定し、監視するだけではありません。
人の育成、リソース（サーバー、サービス）の要求、作業の自動化、調整、様々な不測の事態への対応など、課題は山積しているのです。

4.優しい言葉をかけて行動することを心がける。
筆跡や作風は人それぞれ、すべての人が違う。
そのため、頑固さや誤解に遭遇したときは、大きな忍耐力が必要になります。

あなたには解雇と雇用、罰と報酬（主に金銭）の権利があります。

7.よりフォーマルな責任を負うことになります。
タスクの時間枠を評価する
部下へのタスキング
部下の業務完了の監督（業務の受理）
顧客とのコミュニケーション、調査、音声から技術への翻訳
職務権限の作成と見直し
就職面接会
人材育成、技術指導、組織指導
開発マネジメントシステムにおける活動の実施
コードレビュー
ドキュメントの作成

図表4-38　テクニカルマネージャーガイド一部抜粋

　また、「安全技術」という文書には、アーカイブの命名規則に言及するものもありました。ウイルスを使用する際に、ファイル名から機能などが推測されてないように気をつけていることが分かります。

```
▪安全技術.txt
0.強力なパスワードを使用する。
長さ 16 文字以上、異なる文字ケース、アルファベットと数字、句読点、
ASCII アルファベットの完全なもの。

1.　ファイルを暗号化した .NET ファイルとして転送し合う rar に、
16 文字以上のパスワードを設定してください。
パスワードは強固なものでなければなりません（上記参照）。

アーカイブの目次（アーカイブ内のファイル名）を暗号化する必要があります。
これは必須条件です。
ファイル名は、あなたについて多くを語る。

アーカイブの名前には何も書いてはいけません。

modulename.22.09.2010.rar - バッドネーム
```

図表4-39　ファイル名に関するルールについて

　流出した文書の中身には、このマニュアルだけでなく、開発者マニュアル、エラー報告ルール、タスクアカウンティングなど、組織として仕事をしていくためのルールや、どのようにウイルス対策ソフトから検知されないようにするか、ペネトレーションツールであるコバルトストライクのマニュアルなど、技術的な文書も含まれていました。

CobaltStrike

MANUALS_V2

Active Directory

I Этап. Повышение привелегий и сбор информации

図表4-40　ペネトレーションツール コバルトストライクのマニュアル

　図表4-41は、攻撃者が他のメンバーとコミュニケーションをとるために使用したチャットログの一部です。ログは、2020年から2022年まで約2年分が記録されていました。攻撃者がどのように活動を行っているのか、また、攻撃対象の企業はどのように決めているのかを、ログの内容から紹介していきます。

名前	更新日時	種類	サイズ
185.25.51.173-20210129.json	2021/01/30 7:13	JSON ファイル	13 KB
185.25.51.173-20210130.json	2021/01/31 7:16	JSON ファイル	5 KB
185.25.51.173-20210131.json	2021/02/01 1:26	JSON ファイル	2 KB
185.25.51.173-20210201.json	2021/02/02 7:48	JSON ファイル	13 KB
185.25.51.173-20210202.json	2021/02/03 7:46	JSON ファイル	16 KB
185.25.51.173-20210203.json	2021/02/04 4:54	JSON ファイル	15 KB
185.25.51.173-20210204.json	2021/02/05 4:07	JSON ファイル	8 KB
185.25.51.173-20210205.json	2021/02/06 4:33	JSON ファイル	10 KB

図表4-41　流出したチャットログ一部抜粋

4-3-2 攻撃者の活動量とコミュニケーション方法

　図表4-42は、2020年7月1日から7月31日までの1ヶ月間のログのデータ量をもとに作成したグラフです。コミュニケーションが活発でデータ量が多いのは、平日（月曜日から金曜日）であり、土曜日と日曜日は、データ量が極端に少ないことが分かります。そのため、攻撃者は、一般的な企業のスタイルである土日休みの週休2日で活動していることが分かります。

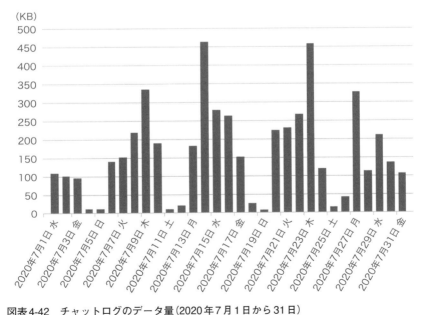

図表4-42　チャットログのデータ量（2020年7月1日から31日）

```
From:bentley
To:strix
Body:
全て動いた!!!タスク完了 ありがとう!!!

From:bentley
To:deploy
Body:
また月曜日に会いましょう。良い週末をお過ごしください ))

From:bentley
To:marsel
Body:
また月曜日に会いましょう。良い週末をお過ごしください ))
```

図表4-43　**週末が休みであることを示唆するチャットログ**（2020年6月26日）

　攻撃者のコミュニケーション手段は、チャットだけでなく、Rocket.Chatというサービスを使い、電話でのコミュニケーションも取っており、基本的には、テレワークのような形で、オンライン上で活動を行っているようです。しかし、ログの中で、時折、オフィスへ行くや、ラボなどの言葉が見られることから、直接、対面でのコミュニケーションも取っていることが推測されます。

4-3-3 リクルートと給料

　攻撃者は、開発者やジョブテスト者、オペレーターなどの新規メンバーを募のり、メンバーの拡充を行っています。既存のメンバーからも特に開発者が不足しているという不満を確認できます。チャットログからは、新入社員の募集や、集める人数、IT系学部からも応募者をリストアップしていることが分かりました。また、募集するだけなく、新人が入った後も、教育担当者が、トレーニングを行う体制や内容について話し合って進めています。**図表4-44～46**で抜粋したチャットログ以外にも、新人の調子について確認するチャットや、新人にタスクを与えているチャット（例：「今日は、新人に1ドメイン取らせています」）などのやりとりも行われています。

```
From: target
To: revers
Body: 新入社員募集です。

From: target
To: revers
Body: さもなくば20人集める

From: target
To: revers
Body: ということで、1-2-3人がCool Groupから募集されることになりました。

From: stern
To: revers
Body: [19:44:20] <target> 現在、2つの大学のIT系学部からの応募者をリストアップ中。
今のところ17名。
```

図表4-44　新人の応募に関するチャット（抜粋）

```
From: salamandra
To: stern
Body:
あのね、スーパージョブのテスト アクセスを 3 日間もらいたいんだけど、誰かいい人いないかしら？
3 日間 - 2500 ルーブル
1 週間 - 3500 ルーブル
14 日間 - 5000 ルーブル
1ヶ月 - 8000 ルーブル
3 ヶ月 - 20000 ルーブル
```

図表4-45　ジョブテストの候補者検討

```
From: derek
To: salamandra
Body:
給与 450ドル〜500ドル
（スーパーバイザーのポジションにより100ドル〜200ドル〜300ドルの昇給があります）♪♪♪♪。
勤務時間 18:00 - 2:00 MMK . 5/2 . 英語 中級上 級 年齢は18歳から25歳まで。
本質は、電話を受け、お客さまとコミュニケーションをとることです。
オペレーター1人あたりの1日の通話回数が10回から40.7回に。1回の通話時間は15〜16分です。
```

図表4-46　オペレーターの募集に関する条件

　給料に関しては、メンバーに対して、給与およびボーナスが払われる仕組み
になっています。**図表4-47**は、このグループのボスであるStern からメンバー
に対して、支払いの作成や給料の催促を行っているチャットの抜粋です。その
ほかにも、「5月8日から働いているが、給料をもらっていない」、「給料はもら
えるのか」といったチャットログもあり、給与の給付が不安定であることを示

しています。また、お金のやり取りに関しては、ビットコインを使って行われ
ていることが分かります。

From: stern
To: cosmos
Body: こんにちは。支払いを作成する

From: stern
To: elon
Body: こんにちは。支払いを作成する

From: stern
To: flip
Body: こんにちは。支払いを作成する

From: stern
To: ghost
Body: こんにちは。支払いを作成する

From: stern
To: globus
Body: こんにちは。支払いを作成する

From: bonen
To: stern
Body: ウォレット 33hRnfkY5vh7GXjVKLKWwyhf1hRG6cj5qj amount 0.02227671
bitcoin

From: bonen
To: stern
Body: いつ支払うのか教えてくれ

From: stern
To: bonen
Body: 払った

図表 4-47　給料に関するチャット

4-3-4 攻撃者からの身代金の請求と交渉

　攻撃者が身代金を請求する際には、ZoomInfo や D&B Hoovers などの企業デー
タベースから組織の情報を収集し、身代金の額を決めます。**図表 4-48**のように、
検索するだけで企業の売り上げが簡単に分かります。攻撃者は、これらのサー
ビスを利用し、スクリプトファイルを用いて、自動で情報を収集しています。

図表4-48　ZoomInfoでの調査した企業情報（一部抜粋） [15]

　図表4-49に記載されているチャット内容は、会社の情報を調査した結果を、仲間に共有しているものです。複数の会社名のジャンル、売り上げやサーバー台数、電話番号などが記されています。チャット内のD&Bやdnb、zoom、zoominfoとあるのが、それぞれのサービスで調べた売上高です。攻撃者は、これらの情報をもとに、払える金額の範囲を考え、被害者側に身代金を伝えます。

```
From: tramp
To: bio
Body:
会社名_1 | 232 SERVERS | ESXi(34)/vCenter(2) | 420+ D&B | 住所 国名 電話番号 | サイトURL/
DW 50GB - new 10TB | CONTI | 9.12.S. DW 50GBの場合。 2021 | パワースポーツ用品・アクセサリー |
会社名_2 | サーバー 132 | vCentre(2)ESXI(10) | 86M(dnb) 107M(zoom) | 住所 電話番号 | サイトURL
会社名_3 | DW 62GB - new 10TB | CONTI | 9.12.2021
```

```
From: professor
To: stern
Body:
▓▓▓▓▓.com
https://www.zoominfo.com/c/▓▓▓▓▓▓▓▓▓▓▓▓▓▓▓▓▓▓
1 pdk, 5 dk, 92 servers, ~330 workstations.
Financial documents (cheques, revenues, budget, forecasts, projects, contracts),
personal data,
soapbox archives,
ssn." (会計文書、収入、予算、予測、プロジェクト、契約) どこかにダンプもあると思うんだ。
the CREDITS has taken the dumps.
I guess about 2000 lines, They need to make a readable.
```

```
From: target
To: professor
Body: WebsiteNWebsite:
▓▓▓▓▓▓▓▓▓▓▓▓▓▓▓▓
        Employees:3500Employees
        Revenue:$513 Million

From: target
To: professor
Body: まあ普通
```

図表4-49　収益など企業情報の調査について
（一部マスクのため表記を変更）

　米国の機器メーカーの会社について、2021年12月、チャットの中で、身代金の金額についてのやりとりが行われていました。攻撃者のtrampとbioの会話で、trampから、同社の収益が、1900万ドル（日本円：約27億円）であることを確認しています。その後、bioから、最初に交渉人へ提示する額である80万ドル（日本円：約1億1千万円）に設定しています。交渉がうまくいかず、攻撃者は、会社の取締役をチャットに加えて、会話するように促しています。そして、経営陣に電話し、交渉を進めようとしています。

```
From: tramp                                    ---
To: bio                                        From: bio
Body:           .COM 19m                       To: tramp
                                               Body: ほら、この変人は会社に何も言わないよ
From: bio
To: tramp                                      From: bio
Body: 彼はもう二人目です。                         To: tramp
                                               Body: まさか
From: tramp
To: bio                                        From: bio
Body: ルバーブがあるそうです                        To: tramp
                                               body: 聞きました。
From: tramp
To: bio                                         From: bio
Body: いくらもらっているか教えてあげる                To: tramp
                                                Body: 新星のみ
From: bio
To: tramp                                      From: tramp
Body: yes..                                    To: bio
                                               Body: 明日、彼にメールして、会社の取締役に電話して、プライベートチャット室に
From: bio                                           入れるようにします
To: tramp
Body: 800                                      From: tramp
                                               To: bio
                                               Body: そして、彼との対話を続ける。
                                               ---
                                               From: tramp
                                               To: bio
                                               Body: 毎日会社の経営陣に電話して、あなたは交渉に応じない人だと伝えると
                                                   書いてください。自社の社員から訴訟されて困るなら、黙っていればいいのです。
```

図表4-50　身代金を決定や交渉の難航を示しているチャット（抜粋）

　2021年12月20日には、被害を受けた企業が、最初に提示された額よりも30万ドル安い、50万ドル（日本円：約7千万円）で身代金を支払ったことを示すやり取りを確認できます。その後、企業側から一部ファイルを復号できないため、企業と攻撃者とのコミュニケーションルームであるサイトを再開するように求めました。攻撃者がアクセス権限を取り戻したとメールをし、再びやり取りを始めました。このチャットから身代金を支払った場合でも、スムーズに暗号化されたファイルを復号できない、または、何かトラブルが発生してしまうことがあることが分かります。

```
2021年12月20日

From: bio
To: tramp
Body: こんにちは

From: bio
To: tramp
Body: 現れたら、█████の財布を渡してください

From: bio
To: tramp
Body: 500で買ったよ
```

```
2022年1月11日                                        被害企業からのチャット

From: cybergangster
To: pumba
Body:
┌────────────────────────────────────────────────────────────────┐
│ http:// █████████████████████████████████████████████████████ │
│ 身代金を支払った。上のリンクは、今はもうない、私たちのオリジナルのチャットルームでした。一部のファイルの復号化で問題が発生してい │
│ ます。チャットルームを再開してください。ファイルを送って解読できるかどうか確認します。 │
└────────────────────────────────────────────────────────────────┘

From: cybergangster
To: pumba
Body: █████@protonmail.com

From: cybergangster
To: pumba
Body: アクセス権を取り戻したことをメールで伝える
```

図表4-51　被害企業による身代金の支払いとその後のやりとり

4-3-5 サイバー保険を使用した交渉を進める

　被害に遭った会社の中には、攻撃者とサイバー保険についてのやりとりがされているケースもありました。（**図表4-52**）。米国では、攻撃者が、データの復旧と引き換えに身代金を要求された際、支払い費用を補填する保険もあります。最終的に、どのような結論になったかについてはチャットからは不明ですが、攻撃者としては、窃取した情報の公開を阻止したいという思いを利用する金銭の支払いだけでなく、金銭的に支払いが難しい企業に対しても、さまざまなアプローチから交渉を進め、お金を得ようとしていることが分かります。

　ただし、近年では、サイバー保険では身代金が補償されてなくなってきています。また、こちらの企業の売り上げは、1億ドル（日本円：約140億円）以下であると攻撃者は語っています。そのため、攻撃者にとっては、ターゲットとなる企業の売上高は、大企業並である必要はありません。コンティと呼ばれる攻撃者グループにとっては、特に大企業だけをターゲットにしているわけではないことが分かります。

From: tramp
To: bio
Body:
取締役会は、私が提供した1KKドルを上限とすることを望んでいます。
理解してもらえるといいのですが。
会社の売上は100KKドル以下です。
ここは決して大きな組織ではありません。
できることを教えてください。
でも、サイバー保険の情報があって、口座に銀行振込が必要な金額があれば、交渉できる。
モスクワの夜9時までにはオンラインになるよ。（一部抜粋）

From: tramp
To: bio
Body: しかし、あなたは彼らのサイバー保険の詳細を持っており、多分彼らは彼らの
アカウントに多くのderegを持っている場合、私は交渉することができる銀行決済
を必要としています.

図表4-52　サイバー保険に関するチャット

4-4
攻撃者の糸口

4-4-1 ランサムウエアの種類と攻撃グループ

　図表4-53は、2016年から2022年にかけて確認された主要なランサムウエア
の種類をまとめたものです。ランサムウエアと一括りに言っても、その中には、
数多くの種類が存在しています。そのため、攻撃者グループは、一つというわ
けではありません。ランサムウエアの種類ごと、それぞれの背後に攻撃者が存
在しています。さらに、攻撃グループの中には、何らかの理由で、名前を変えて
リブランドを行い、活動を継続する、または、**図表4-54**のようにコンティとリュー
クの異なる攻撃者グループが、一緒に活動していることもあります。このよう
に、ＡとＢの攻撃グループが関係性を持ち、一部分を関わる、協力する、合流す
るなどのケースがあります。そして、このＡやＢグループが、1章で紹介した
RaaSというサービスで、攻撃者にツール一式を提供している場合、そのグルー
プの外に繋がりのあるアフィリエイトが存在します。そのため、攻撃者に関し
てもさまざまな変遷や種類、関与の仕方があり、単純に一つのグループで完結
するものではなくなってきており、攻撃者グループの分類自体も複雑化してき

ています。

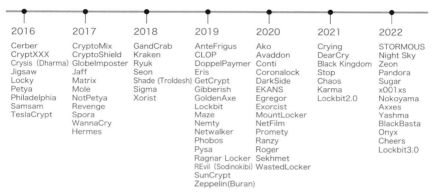

2016	2017	2018	2019	2020	2021	2022
Cerber	CryptoMix	GandCrab	AnteFrigus	Ako	Crying	STORMOUS
CryptXXX	CryptoShield	Kraken	CLOP	Avaddon	DearCry	Night Sky
Crysis (Dharma)	GlobeImposter	Ryuk	DoppelPaymer	Conti	Black Kingdom	Zeon
Jigsaw	Jaff	Seon	Eris	Coronalock	Stop	Pandora
Locky	Matrix	Shade (Troldesh)	GetCrypt	DarkSide	Chaos	Sugar
Petya	Mole	Sigma	Gibberish	EKANS	Karma	x001xs
Philadelphia	NotPetya	Xorist	GoldenAxe	Egregor	Lockbit2.0	Nokoyama
Samsam	Revenge		Lockbit	Exorcist		Axxes
TeslaCrypt	Spora		Maze	MountLocker		Yashma
	WannaCry		Nemty	NetFilm		BlackBasta
	Hermes		Netwalker	Promety		Onyx
			Phobos	Ranzy		Cheers
			Pysa	Roger		Lockbit3.0
			Ragnar Locker	Sekhmet		
			REvil (Sodinokibi)	WastedLocker		
			SunCrypt			
			Zeppelin(Buran)			

図表4-53　2016年から2022年のランサムウエアの種類　抜粋

```
2020-06-24
From: taker
To: stern
Body: そして今、あなたはコンチと、リュークと一緒に働いているようです。

From: stern
To: taker
Body: はい
```

図表4-54　コンティとリュークの繋がりを示すチャットログ

　そして、ウイルス全体に言えることですが、「亜種」というオリジナルから派生したものも存在しています。「4-3　攻撃者グループのリークされた情報」で、コンティと呼ばれている攻撃グループから流出した情報を紹介しました。その項では、触れていませんが、この流出で、コンティランサムウエアのソースコードも明らかになりました。結果、コンティではない他の攻撃者グループがソースコードを読み、一部を変更することで、コンティランサムウエアに似た別のウイルス、亜種を作り攻撃していることを日本でも確認しています。**図表4-55**は、BinDiff[16]というファイルを比較できるツールを用いて、コンティランサムウエアとその亜種を比較した結果を示しています。複数の関数に類似性があることが結果から見えます。また、メイン関数や暗号化に関連するコードの箇所に関してもほとんどが一致していることが分かります。亜種側のメイン関数で消さ

れている箇所については、同じコンピューターでの二重感染を防ぐ仕組みであるミューテックスに関連する処理を行う場所であったため、削除されたものと考えられます。

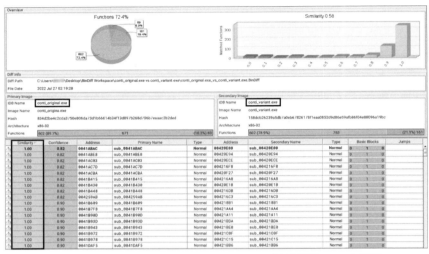

メイン関数　　　　　　　　　　　暗号化関連のコード箇所

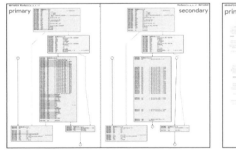

図表4-55　BinDiffを用いたコンティランサムウエアとその亜種の比較

　ランサムノートの文言（**図表4-56**）が、オリジナルのコンティランサムウエアとは異なりますが、先頭の文に関しては、ほぼ同じです。"CONTI ransomware"となっていた箇所が、"MONTI strain"と変更されていました。作成されたファイル名に関しても「readme.txt」と同じ名前です。また、暗号化を除外する対象のファイルを決めている設定に関しても、亜種に設定されている「.bat」を除いて、

全て同じであることが分かります（**図表4-57**）。このようにウイルスのソースコードが流出してしまうと、研究者などが機能をより詳細に解析して共有されるメリットもありますが、攻撃者も同様に解析し、自身の攻撃グループでも活用することができます。

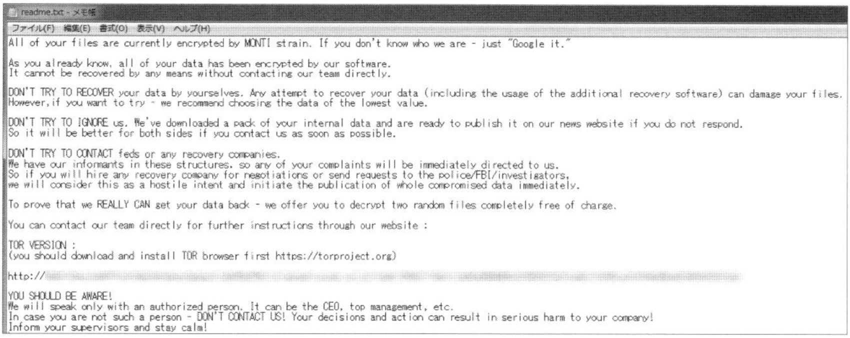
readme.txt - メモ帳
ファイル(F)　編集(E)　書式(O)　表示(V)　ヘルプ(H)

All of your files are currently encrypted by MONTI strain. If you don't know who we are - just "Google it."

As you already know, all of your data has been encrypted by our software.
It cannot be recovered by any means without contacting our team directly.

DON'T TRY TO RECOVER your data by yourselves. Any attempt to recover your data (including the usage of the additional recovery software) can damage your files.
However, if you want to try - we recommend choosing the data of the lowest value.

DON'T TRY TO IGNORE us. We've downloaded a pack of your internal data and are ready to publish it on our news website if you do not respond.
So it will be better for both sides if you contact us as soon as possible.

DON'T TRY TO CONTACT feds or any recovery companies.
We have our informants in these structures, so any of your complaints will be immediately directed to us.
So if you will hire any recovery company for negotiations or send requests to the police/FBI/investigators,
we will consider this as a hostile intent and initiate the publication of whole compromised data immediately.

To prove that we REALLY CAN get your data back - we offer you to decrypt two random files completely free of charge.

You can contact our team directly for further instructions through our website :

TOR VERSION :
(you should download and install TOR browser first https://torproject.org)

http://

YOU SHOULD BE AWARE!
We will speak only with an authorized person. It can be the CEO, top management, etc.
In case you are not such a person - DON'T CONTACT US! Your decisions and action can result in serious harm to your company!
Inform your supervisors and stay calm!

図表4-56　ランサムノート（コンティランサムウエアの亜種）

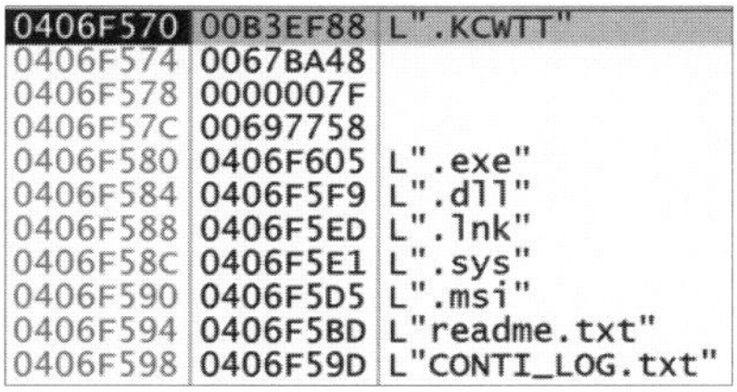

0406F570	00B3EF88	L".KCWTT"
0406F574	0067BA48	
0406F578	0000007F	
0406F57C	00697758	
0406F580	0406F605	L".exe"
0406F584	0406F5F9	L".dll"
0406F588	0406F5ED	L".lnk"
0406F58C	0406F5E1	L".sys"
0406F590	0406F5D5	L".msi"
0406F594	0406F5BD	L"readme.txt"
0406F598	0406F59D	L"CONTI_LOG.txt"

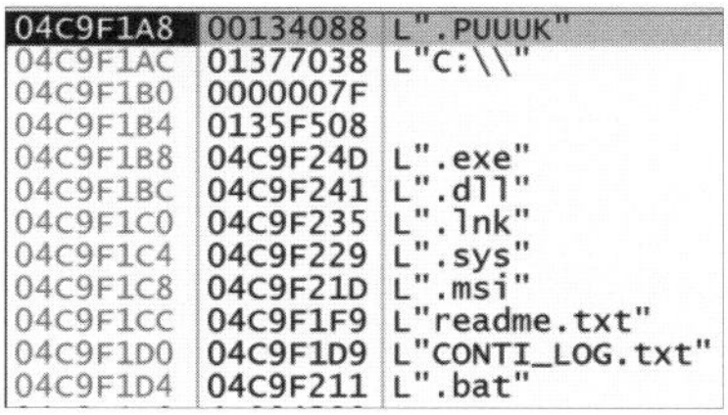

04C9F1A8	00134088	L".PUUUK"
04C9F1AC	01377038	L"C:\\"
04C9F1B0	0000007F	
04C9F1B4	0135F508	
04C9F1B8	04C9F24D	L".exe"
04C9F1BC	04C9F241	L".dll"
04C9F1C0	04C9F235	L".lnk"
04C9F1C4	04C9F229	L".sys"
04C9F1C8	04C9F21D	L".msi"
04C9F1CC	04C9F1F9	L"readme.txt"
04C9F1D0	04C9F1D9	L"CONTI_LOG.txt"
04C9F1D4	04C9F211	L".bat"

図表4-57　暗号化の除外対象ファイルの比較
コンティランサムウエア（右）と亜種（左）

図表4-58では、攻撃者グループが作成したウイルスを提供し、アフィリエイトへ、そして、ウイルスの流出したコードを元に、それぞれ攻撃者B、C、Dがウイルスに変更を加え、カスタマイズして使用する例を表しています。このように、一つのグループが作成したウイルスが、攻撃者の中で拡散されていき、それに伴い、被害を受ける組織も増える現状があります。

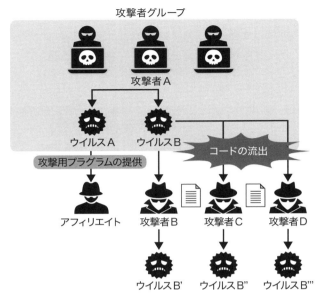

図表4-58　アフィリエイトや亜種から広がる攻撃者

4-4-2 日本の被害状況

　図表4-59は、被害企業の公式発表、報道記事、ランサムリークサイトなどの
情報を調査し、2022年1月から7月までの国内企業の被害（海外拠点・海外子
会社を含む）をまとめた表です。メディア等で大きく取り上げられた一部のラ
ンサムウエア被害だけでなく、2022年も引き続き、多くの組織が攻撃を受けて
いることがこの表から分かります。

図表4-59　国内のランサムウエアによる被害（筆者調べ）
調査期間：2022年1月1日から7月31日
調査対象：被害企業の公式発表、報道記事、ランサムリークサイト
※異なる月に同じ組織が2回目の攻撃を受けたケースも掲載

数	時期	組織ジャンル	資本金	ランサムウェア	海外拠点・海外子会社
1	2022年1月	IT	1億～10億円未満	NightSky	
2	2022年1月	コンサル	1億～10億円未満	不明	
3	2022年1月	食品	1億円未満	不明	
4	2022年1月	医療機関	不明	不明	

5	2022年1月	医療機関	不明	不明	
6	2022年2月	自治体	不明	不明	
7	2022年2月	化粧品	1億円未満	LV-BLOG	
8	2022年2月	事務用品	10億〜100億円未満	不明	
9	2022年2月	自動車部品	1億〜10億円未満	Robinhood	
10	2022年2月	製造	10億〜100億円未満	不明	
11	2022年2月	食品	1億円未満	不明	
12	2022年3月	自動車部品	1億〜10億円未満	不明	
13	2022年3月	機械	10億〜100億円未満	Lorenz	米国
14	2022年3月	映像関連	10億〜100億円未満	不明	
15	2022年3月	自動車部品	1000億円以上	Pandora	ドイツ
16	2022年3月	食料品	100億〜1000億円未満	不明	
17	2022年3月	自動車部品	1000億円以上	Lockbit	米国
18	2022年3月	自動車部品	10億〜100億円未満	Conti	米国
19	2022年4月	マーケティング	1億〜10億円未満	不明	
20	2022年4月	飲料	1億〜10億円未満	不明	
21	2022年4月	精密機器	100億〜1000億円未満	Conti	英国
22	2022年4月	電気機器	1000億円以上	Conti	カナダ
23	2022年4月	建設	1億〜10億円未満	Lockbit	
24	2022年4月	精密機器	1億円未満	Lockbit	
25	2022年4月	製造	100億〜1000億円未満	Lockbit	マレーシア
26	2022年4月	電気機器	10億〜100億円未満	CryptXXX	
27	2022年4月	医療機関	不明	Lockbit	
28	2022年5月	化学	100億〜1000億円未満	Lorenz	
29	2022年5月	製造	10億〜100億円未満	Lockbit	
30	2022年5月	衣料	100億〜1000億円未満	Lockbit	
31	2022年5月	IT	10億〜100億円未満	不明	米国
32	2022年5月	自動車部品	100億〜1000億円未満	不明	中国
33	2022年5月	新聞	10億〜100億円未満	不明	シンガポール
34	2022年5月	医療機関	不明	不明	
35	2022年5月	機械	10億〜100億円未満	Lorenz	米国
36	2022年6月	教育	1億円未満	不明	
37	2022年6月	物流	1億〜10億円未満	Lockbit	
38	2022年6月	自動車部品	10億〜100億円未満	不明	米国
39	2022年6月	出版	1億〜10億円未満	不明	
40	2022年6月	医療機関	不明	Lockbit	
41	2022年6月	自動車部品	1億〜10億円未満	Lockbit	タイ
42	2022年6月	サービス	10億〜100億円未満	Phobos系	
43	2022年6月	製造	1億〜10億円未満	Snatch	
44	2022年7月	製造	1億円未満	不明	
45	2022年7月	ゲーム	100億〜1000億円未満	ALPHV	
46	2022年7月	自動車部品	10億〜100億円未満	不明	
47	2022年7月	学校	不明	不明	

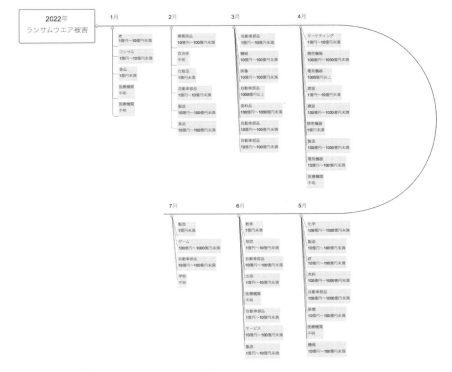

図表4-60　国内のランサムウエアによる被害リスト_タイムライン

　2022年度の1月から7月に、国内でランサムウエアによって被害を受けた組織は47であり、第1章で掲載した2021年の日本国内ランサムウエア被害事例確認（**図表1-7**）での同期間と比べると被害組織数25で約90パーセント増加しています（**図表4-59**）。

　毎月の被害組織数は、最も少なくて4組織、多くて1カ月に9組織もがランサムウエアによる攻撃を受けています（**図表4-60**）。

　被害に遭った業種として、自動車部品関連が9組織と最も多く、次いで医療機関が5組織、製造が5組織となっています。そして、電気機器や精密機器、機械、IT、食品などもそれぞれ2組織が被害に遭っています（**図表4-61**）。

　その他、被害を受けた組織は少ないですが、あらゆる業種が攻撃のターゲットになっていることが分かります。被害を受けた組織の規模に関しても、資本

金が10億円から100億円未満が、32パーセントと最も多く、1億円から10億円
未満の組織に関しても27パーセントと2番目に多く、大企業だけでなく、中小
企業も被害に遭っていることが分かります（**図表4-62**）。

　また、被害に遭った組織の約3割が海外の拠点、子会社から侵入され、ランサ
ムウエアに感染しています。国別では、米国が最も多く6組織となっています（**図
表4-63**）。

　国内で使用されたランサムウエアで上位だったものは、ロックビットが10、
コンティが3、ロレンツが3となっています（**図表4-64**）。

　ロレンツに関しては、リークサイトから、同一組織に2回攻撃を仕掛けている
可能性があります。

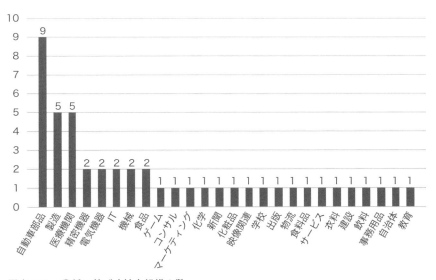

図表4-61　業種に基づく被害組織の数

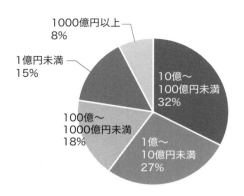

図表4-62　資本金による被害を受けた組織の分類
※不明だった被害組織については除外

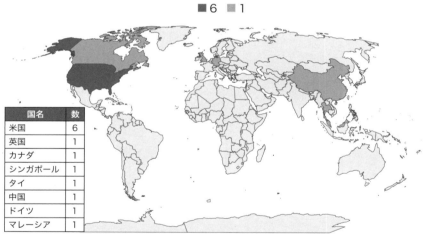

図表4-63　被害を受けた海外拠点、子会社の国別数

国名	数
米国	6
英国	1
カナダ	1
シンガポール	1
タイ	1
中国	1
ドイツ	1
マレーシア	1

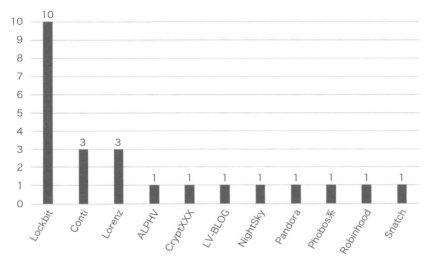

図表4-64　国内で使用された種類別のランサムウエア数
※ランサムウエアの情報がなく、不明だったものについては除外

4-4-3 ロックビットランサムウエアの攻撃者像

　上位2つのランサムウエア、ロックビットランサムウエアと、コンティランサムウエアの攻撃者像について見ていきます。

　ロックビットランサムウエアは、2019年から活動が確認されています。2021年に、ロックビット2.0、2022年にロックビット3.0と機能がバージョンアップしており、日本に対する攻撃も盛んに行われています。また、アフィリエイトプログラムを使用する攻撃グループとしても名が知られています。攻撃者は、被害企業から情報を窃取し、ランサムウエアによる攻撃が成功後、攻撃者が管理するダークウェブ上のサイトに、被害者に関する情報が公開されます（**図表4-65**）。

　ここで公開される情報は、被害企業のドメイン、窃取した情報を公開するまでの時間、金額などです。この時間までに指定された金額が払われてなかった場合、機密情報などが公開されてしまう可能性があります。情報を公開した組織には、「PUBLISHED」とマークされます。

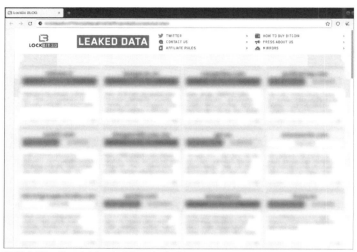

図表4-65　ロックビットのリークサイト

　リークサイトには、ロックビットに関するアフィリエイトルールが記載され
ています。本文は、英語で書かれていますが、日本語に機械翻訳したものを一
部抜粋しています（**図表4-66**）。

　ルールには、攻撃者に関することも書かれており、彼らは、オランダに拠点が
あるとあります。また、政治には興味がなく、お金にのみ関心があると述べて
いるため、攻撃者が明確に、被害企業からの身代金を目的としていることが分
かります。また、同ルールの中で、攻撃対象についても言及しています。

　まず、その中で、重要インフラや特定の医療機関への攻撃は、攻撃者の言葉では、
違法であること、ただし、データを窃取することは、許可されています。逆に攻
撃の許可を出しているのは、教育関係、製薬会社、歯科医院、整形外科などと記
載されています。そして、ソビエト諸国（アルメニア、ベラルーシ、グルジア、
カザフスタン、キルギスタン、ラトビア、リトアニア、モルドバ、ロシア、タジキ
スタン、トルクメニスタン、ウズベキスタン、ウクライナ、エストニアなど）に
攻撃をすることが禁じられています。その理由として、攻撃者が、ソビエト連
邦で生まれ育ったと記載しています（**図表4-67**）。

　図表4-68は、ロックビットランサムウエアが、特定の言語環境かどうかチェッ
クを行っている箇所を表しています。チェックする言語を見ると、上記であげ

たソビエト諸国などが含まれていることが分かります。

図表4-66　ロックビット アフィリエイトルール

攻撃対象のカテゴリー

原子力発電所、火力発電所、水力発電所、その他類似の組織など、重要なインフラストラクチャのファイルを暗号化することは違法です。暗号化されていないデータの盗用を許可する。ある組織が重要インフラかどうかがわからない場合は、ヘルプデスクに尋ねてください。
パイプライン、ガスパイプライン、石油生産ステーション、製油所、その他類似の組織など、石油・ガス産業は暗号化を許可されていません。暗号化されていないデータを盗むことは許されています。
次のようなポストソビエト諸国を攻撃することは禁じられています。アルメニア、ベラルーシ、グルジア、カザフスタン、キルギスタン、ラトビア、リトアニア、モルドバ、ロシア、タジキスタン、トルクメニスタン、ウズベキスタン、ウクライナ、エストニアなどです。これは、当社の開発者やパートナーのほとんどが、かつての世界最大の国であったソビエト連邦で生まれ育ったためですが、現在、当社はオランダに拠点を置いています。

非営利団体を攻撃することが許されている。もし組織がコンピュータを持っているならば、企業ネットワークのセキュリティに注意しなければならない。
私立の教育機関であり、収入がある限り、どのような教育機関をも攻撃することが許されています。
製薬会社、歯科医院、整形外科、特にタイでは転換を強要するような医療関連機関、その他、民間でルパーブを持っていれば、非常に注意深く、選択的に攻撃することが許されている。心臓病センター、脳神経外科、産院など、ファイルの損傷が死につながる可能性のある機関、つまり、コンピュータを使ったハイテク機器による外科手術が行われる可能性のある機関の暗号化は禁止されています。暗号化されていない医療機関のデータは、医療機密である可能性があり、法律に基づき厳重に保護されなければならないため、盗用が認められています。特定の医療機関が攻撃可能かどうかが特定できない場合は、ヘルプデスクにお問い合わせください。
ハッカーの発見と逮捕に従事している警察署やその他の法執行機関を攻撃することは非常に称賛に値します。彼らは後払いのペンテストとしての我々の有用な仕事を評価せず、法律違反と考えています。有能なコンピュータネットワーク設定が非常に重要であることを示し、コンピュータ文盲の罰金を書くべきです。
政府機関を攻撃するのは、収益があれば許される。

図表4-67　ロックビット アフィリエイトルール_攻撃対象のカテゴリー

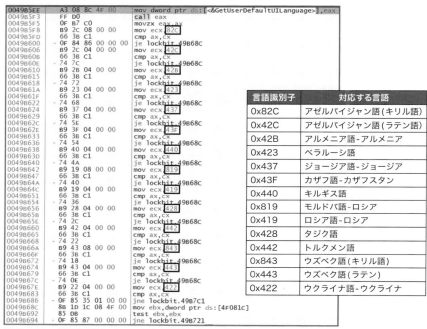

図表4-68　言語環境のチェックと言語識別子に基づく言語一覧

言語識別子	対応する言語
0x82C	アゼルバイジャン語(キリル語)
0x42C	アゼルバイジャン語(ラテン語)
0x42B	アルメニア語-アルメニア
0x423	ベラルーシ語
0x437	ジョージア語-ジョージア
0x43F	カザフ語-カザフスタン
0x440	キルギス語
0x819	モルドバ語-ロシア
0x419	ロシア語-ロシア
0x428	タジク語
0x442	トルクメン語
0x843	ウズベク語(キリル語)
0x443	ウズベク語(ラテン)
0x422	ウクライナ語-ウクライナ

4-4-4 コンティランサムウエアの攻撃者像

　コンティランサムウエアは、ヘルメス(Hermes)ランサムウエア、リューク
ランサムウエアの後継と考えられており、2020年5月に初めて確認されました。
コンティランサムウエアもロックビットランサムウエアと同様に被害企業の情
報をダークウェブ上のサイトに公開し、被害企業との交渉がうまくいかない場合、
窃取した情報を公開するという二重脅迫を行います(**図表4-69**)。

　流出したチャットログからは、被害企業に直接電話するケースもあるため、
上記以外にも、身代金を支払わせるために、様々な脅迫を行なっていた可能性
があります。活動開始後、日本においても複数の企業が被害に遭っています。

図表4-69　コンティランサムウエアのリークサイト

リークサイト内で攻撃者につながる情報として、西側諸国と米国が、ロシアや世界のロシア語圏の重要インフラをサイバー戦争の標的とする場合、コンティが報復すると警告のメッセージが掲載されていました（**図表4-70**）。

> **"WARNING"**
>
> ⊙ As a response to Western warmongering and American threats to use cyber warfare against the citizens of Russian Federation, the Conti Team is officially announcing that we will use our full capacity to deliver retaliatory measures in case the Western w armongers attempt to target critical infrastructure in Russia or any Russian-speaking region of the world. We do not ally with any government and we condemn the ongoing war. However, since the West is known to wage its wars primarily by targeting civilians, we will use our resources in order to strike back if the well being and safety of peaceful citizens will be at stake due to American cyber aggression.
>
> 📅 2022/3/2　　　　　👁 12377　　　　　📄 0 [0.00 B]

図表4-70　リークサイト内でのコンティからの警告

　流出したチャットログには、コンティランサムウエアの攻撃者につながるヒントがあります。**図表4-71**は、ウイルスの設定に対して、二つのやりとりを抜粋しています。一つ目は、ウイルスを起動した際に、ロシア、ウクライナ、カザフスタン、アルメニア、モルダビアかを確認後、ルーマニア語、ロシア語であった場合、活動を停止することを意味しています。二つ目は、ロシア語のロケールに、ウクライナ語、アルメニア語、カザフ語、モルドバ語も含めると記載しています。

これらの設定をする意図は、攻撃者自身と関わりがある地域には、本ウイルスによる被害を出させないためだと考えられます。そのため、攻撃者の生活圏が、これらの国のどこかである可能性が推測されます。また、ロシアの首都であるモスクワや、サンクトペテルブルクなどの言葉もチャット内で確認できるため、これらの地域で活動している可能性があります。(**図表**4-72)。

```
From: price
To: mentos
Body: ロケールを要求し、ロシア、ウクライナ、カザフスタン、アルメニア、モルダビアがルー
マニアとロシア語の場合、すぐにキックアウトされる


-----

From: price
To: target
Body: 起動すると、ロシア語のロケール(ウクライナ語、アルメニア語、カザフ語、モルドバ語も)
を試し、それ以上は終了します。
```

図表4-71　ウイルスが起動時にチェックする項目について

```
From: baget
To: braun
Body: 今日はセヴァストポリでクソパレードがあったんだ！
-----

From: baget
To: braun
Body: 物価は実際モスクワより高い。
-----

From: baget
To: braun
Body: モスクワではタクシーに1kmあたり100ルーブルも払いません :-)

From: baget
To: braun
Body: セヴァストポリからシンフェロポリまで 4500千ドル 空港まで
-----

From: stern
To: target
Body: 具体的にモスクワにオフィスを開設したいですか？
-----

From: target
To: bentley
Body: 今週中にサンクトペテルブルクに着いたら、あなたの部下に連絡します。
-----
```

図表4-72　チャット内でやり取りされていた地名(抜粋)

2022年5月にコンティランサムウエアとしての活動は終了しました。しかし、形を変えてコンティに所属していたメンバーは、活動を続けているため、実質的な脅威がなくなったわけではありません。ランサムウエアを使用するグループであるカラクルト、ブラックバスタ（**図表4-73**）、ブラックバイトなどでそれぞれ活動をしていることが確認されています[17]。

図表4-73　ブラックバスタが提供するチャットサービス

4-5
今後予想されるランサムウエアの影響

4-5-1　2031年には被害額が日本円で約37兆1千億円

サイバーセキュリティーベンチャーズの記事[18]によると、2031年には、ランサムウエアによる世界規模での被害額が、2650億ドル（日本円：約37兆1千億円）にまで昇るとされています（**図表4-74**）。

2026年には、715億ドル、2028年には、1570億ドルと2年で2倍以上に被害額が増加すると予想されている年もあります。2031年には、2秒に1回、世界中の

どこかでランサムウエアの被害に遭う組織が存在すると報告しています。

図表4-74　世界規模でのランサムウエアによる被害額
サイバーセキュリティーベンチャーズの表を元に作成

年	被害額
2015年	3億2500万ドル（約455億円）
2017年	50億ドル（約7千億円）
2021年	200億ドル（約2兆8千億円）
2024年	420億ドル（約5兆9千億円）
2026年	715億ドル（約10兆円）
2028年	1570億ドル（約21兆980億円）
2031年	2650億ドル（約37兆1千億円）

4-5-2　攻撃者の目的と標的とされる企業や機器

　攻撃者がランサムウエアによる攻撃を継続するほとんどの理由は、被害企業からの金銭（身代金）を受け取ることができるからです。このビジネスモデルが破綻しない限り、攻撃は継続されると考えられます。

図表4-75　身代金の支払いによって潤う攻撃者

　逆に、被害を受けた企業の多くが身代金を攻撃者に支払わなければ、ランサムウエアによる被害は減少していくと予想できます。身代金を支払い、一回は暗号化された状態を解除できても、同じ攻撃グループに再び攻撃される事例もあります。サイバーリーズンの記事[19] によると、身代金を支払った組織の80%が2回目のランサムウエア攻撃を受けているとの統計が確認されています。身代金の支払い有無は不明ですが、リークサイト内に異なる期間で掲載されている企業を確認しており、2回攻撃を受けた可能性があります。

　日本においては、多くの被害が発生している中で、徐々にランサムウエアに対する注意が高まり、大企業などでは、対策を講じる企業や組織も増えています。対策が整備されていく中で、攻撃者が行うさまざまな手間を増やしていけば、モチベーションも下がっていきます。その反面、対策が遅れてしまっている中小企業、子会社、海外拠点などが標的とされるケースが今後増える可能性があります。

　実際に、2022年1月から7月までの被害からも海外拠点や海外子会社が狙われているケースがあります。標的に関して、日本でも被害が発生しているロックビットランサムウエアを使用するグループでは、リークサイト内で明確にアフィリエイトに伝えています。原子力発電、火力発電、水力発電などの重要インフラ、または、コンピューターを使ったハイテク機器による外科手術が行われる医療機関への攻撃は行わないこと、しかし、非営利団体、私立の教育機関、製薬会社、歯科医院、整形外科などは、注意深く、選択的に攻撃することが許されていると記述されています。また、政府機関や法執行機関も攻撃の対象となっています。

　攻撃者によって標的に関する基準は異なることが考えられますが、できるだけ1ケースあたりの受け取れる金額が多く、身代金を受け取れる確率が高い企業、組織が狙われると推測できます。そのため、資金が潤沢で、かつランサムウエアによって暗号化することで企業活動、とりわけ生産ラインや制作活動などがストップしてしまう企業、または、患者の治療に関わるデータがある医療機関、そして、機密レベルが高い情報や個人のプライバシーを保持している組織を選んでいる可能性があります。そのため、日本では、自動車部品関係、製造系、医療機関や食品関連などの企業に多くの被害が出ている結果になっていると考察できます。

　また、2022年7月、情報システムに対してランサムウエアの被害を受けた小中学校では、攻撃者から身代金を払わない場合、成績表などの情報をインターネット上に公開すると脅迫が行われています[20]。ロックビットランサムウエアグルー

4

プのリークサイト上にも、教育機関が攻撃対象とあることから、今後狙われる可能性があります。

　これらの分野は、ランサムウエアの効果が最大限発揮されやすいと攻撃者が考えており、引き続き標的とされる可能性があるため、注意が必要です。攻撃者としては、被害組織に、いかに素早く金銭を支払わせるか、高い金額で交渉できる余地があるかがポイントとなっています。

　標的を絞って攻撃するグループもありますが、無差別的にランサムウエアに感染させることを目的とした攻撃者がいることにも注意が必要です。「4-2-4 ネットワーク機器の脆弱性が悪用され、感染」で紹介したインターネットに接続されているNASを狙った攻撃では、特に標的を絞っているわけではなく、脆弱性がある機器に対して攻撃を仕掛けて、ランサムウエアに感染させています。要求される身代金の金額は、少額ですが、感染させる数が多ければ攻撃者によって多くの収益となります。特にランサムウエアによって暗号化されると企業活動に支障が出るNAS等のデータを保管するサーバーを狙う攻撃に関して、狙う機器や使用される脆弱性が増える可能性があります。

図表4-76　ランサムウエアの標的となりやすい業種や機器

参考文献

1）Master Key for Hive Ransomware Retrieved Using a Flaw in its Encryption Algorithm, The Hacker News

https://thehackernews.com/2022/02/master-key-for-hive-ransomware.html

2）復号ツール, NO MORE RANSOM

https://www.nomoreransom.org/ja/decryption-tools.html

3）Chiseling In: Lorenz Ransomware Group Cracks MiVoice And Calls Back For Free, ARCTICWOLF

https://arcticwolf.com/resources/blog/Lorenz-ransomware-chiseling-in/

4）Extortion Payments Hit New Records as Ransomware Crisis Intensifies, パロアルトネットワークス

https://www.paloaltonetworks.com/blog/2021/08/ransomware-crisis/

5）当社ネットワークへの不正アクセスに関する調査結果のお知らせ, 東映アニメーション

https://corp.toei-anim.co.jp/ja/press/COPY-COPY-COPY-press3317734943536499846.html

6）サイバー攻撃による被害と復旧状況について（第三報）, 東京コンピュータサービス

https://www.to-kon.co.jp/uploads/letter3.pdf

7）Guidance for preventing, detecting, and hunting for exploitation of the Log4j 2 vulnerability , Microsoft

https://www.microsoft.com/security/blog/2021/12/11/guidance-for-preventing-detecting-and-hunting-for-cve-2021-44228-log4j-2-exploitation/#NightSky

8）Apache Log4jの任意のコード実行の脆弱性（CVE-2021-44228）に関する注意喚起, JPCERT/CC

https://www.jpcert.or.jp/at/2021/at210050.html?_fsi=cBfKjt5p&_fsi=F2fT4Tjt

9）DeadBolt Ransomware,QNAP

https://www.qnap.com/en/security-advisory/QSA-22-19

10）「DEADBOLT」ランサムウェアに御注意ください！, 滋賀県警察

https://www.pref.shiga.lg.jp/file/attachment/5331519.pdf

11）ホワイトペーパー「Emotet最新動向と対策」公開, LAC

https://blog.lac.co.jp/2022/07/29/1478/

12）THE RISING INSIDER THREAT:Hackers Have Approached 65% of Executives or Their Employees To Assist in Ransomware Attacks, PULSEとBravura Security

https://www.hitachi-id.com/hubfs/A.%20Key%20Topic%20Collateral/Ransomware/%5BInfographic%5D%20The%20Rising%20Insider%20Threat%20%7C%20Hackers%20Have%20Approached%2065%25%20of%20Executives%20or%20Their%20Employees%20To%20Assist%20in%20Ransomware%20Attacks.pdf

13）Nigerian Ransomware: An Inside Look at Soliciting Employees to Deploy DemonWare, Abnormal

https://abnormalsecurity.com/blog/nigerian-ransomware-soliciting-employees-demonware

4

14) Would You Exchange Your Security for a Gift Card?, Trustwave
https://www.trustwave.com/en-us/resources/blogs/spiderlabs-blog/would-you-exchange-your-security-for-a-gift-card/

15) LAC, zoominfo
https://www.zoominfo.com/c/lac-co-ltd/372149751

16) zynamics BinDiff,Google
https://www.zynamics.com/bindiff.html

17) DisCONTInued: The End of Conti's Brand Marks New Chapter For Cybercrime Landscape, ADV INTEL
https://www.advintel.io/post/discontinued-the-end-of-conti-s-brand-marks-new-chapter-for-cybercrime-landscape

18) Global Ransomware Damage Costs Predicted To Exceed $265 Billion By 2031, Cybersecurity Ventures
https://cybersecurityventures.com/global-ransomware-damage-costs-predicted-to-reach-250-billion-usd-by-2031/

19) ランサムウェア攻撃がもたらす法的な意味合いとは？, Cybereason
https://www.cybereason.co.jp/blog/ransomware/8740/

20) 千葉・南房総市の小中学校にハッカー攻撃 ハッカー集団、成績表公開と脅迫, livedoor
https://news.livedoor.com/article/detail/22747915/

第 **5** 章

ランサムウエアによる
被害を抑えるには

5-1
ランサムウエア対策の考え方

　これまで述べてきた通り、近年のランサムウエア攻撃はただ単にランサムウエアをばらまいて暗号化したファイルの身代金を支払わせる手法から、企業などの組織を標的に定めシステムに侵入し、機密情報の窃取後に暗号化を行う手法にシフトしています。そのため、ランサムウエアそのものの対策のほかに、攻撃者による外部からの侵入や、侵入された場合の侵害行為に対する対策も必要になっています。つまり、ランサムウエア攻撃に関しても自組織で利用しているシステムに合わせて全般的なサイバーセキュリティー対策を実施する必要があります。また、もしランサムウエア攻撃の標的になった場合に、被害を最小限に抑えるためには、ウイルス対策ソフトなど一つの対策だけでなく、多層的な防御が必要となります。

　このようなサイバーセキュリティー対策を実施するとなると、その費用を懸念される方が多いでしょう。お金をかけて対策を実施しても、攻撃の標的にならず費やしたコストが無駄に感じられるかもしれません。しかし、攻撃者はいつ我々をターゲットにするかわかりません。万が一対策が不十分で被害に遭った場合、結果として組織の社会的信用が失墜する恐れもあります。セキュリティー対策は自組織が存続し続けるための「保険」や「投資」と捉えていただければと思います。

　また、セキュリティー対策はITの技術や知識に直結する部分も多いため、極めて少数のIT担当者に一任されてしまうケースがあります。しかし、実際はセキュリティー製品やサービスの導入などは経営判断が必要であり、インシデントが発生した場合は対外的な対応を経営層がしなければなりません。加えてサイバー攻撃が巧妙化している現状で、ITを利活用しているすべての従業員も攻撃対象（組織への攻撃の足掛け）になっているため、組織全体でセキュリティー対策を実施する必要があります。さらには、自組織でなく子会社や取引先などがサイバー

攻撃を受け、自組織に影響が出る場合もあるため、サプライチェーンを考慮した対策も必要になります。経済産業省では「サイバーセキュリティ経営ガイドライン[1]」の中で『経営者が認識すべき3原則』として次のように定めています。

①経営者は、サイバーセキュリティリスクを認識し、リーダーシップによって対策を進めることが必要
②自社は勿論のこと、ビジネスパートナーや委託先含めたサプライチェーンに対するセキュリティ対策が必要
③平時及び緊急時のいずれにおいても、サイバーセキュリティリスクや対策に係る情報開示など、関係者との適切なコミュニケーションが必要

このように、セキュリティー対策は考慮すべき範囲があまりに広く、少人数のIT担当者のみで対処することは到底現実的ではありません。このような対策を実施するには、経営者がリーダーシップを取り、組織全体で対応していかなければなりません。

5-2
侵入されうる経路を考える

テレワークやクラウドサービスの利用増加などに伴い、組織が管理すべき機器やシステムも増えています。また、それまでは組織内のセキュリティー対策により保護されていたコンピューターが、テレワークによる組織外への持ち出しにより無防備になってしまう問題も生じています。つまり、デジタル化の促進により攻撃者の侵入経路が増えてしまっている状況にあります。そしてその侵入経路を組織のIT担当者は把握しきれなくなっているケースも少なくありません。

まずは、自組織においては攻撃者が具体的に何を悪用して侵入してくる可能性があるのかを考えましょう。そのために把握しておかなければならない事項を紹介します。

5-2-1 ネットワーク構成の把握

　ランサムウエア攻撃者はほとんどの場合、組織のネットワークの外、つまりインターネットから侵入してきます。そのため、まずは自組織にインターネットからの出入口はどこにいくつあるのか、攻撃者はどのルートから侵入できるのかを調べましょう。特に仮想プライベートネットワーク（VPN）装置や公開されたリモートデスクトップ（RDP）サーバーは侵入経路として狙われる傾向にあります。部門によっては独自にVPNによるアクセス経路を設けている場合や、システムの保守業者がメンテナンス用にVPN装置を設置している場合があります。各部門、保守業者含め、外部からのアクセス経路の実態をしっかりと確認しましょう。

　また、内部ネットワークのアクセス制御の状況に関しても確認しましょう。重要なデータやバックアップデータを持つサーバーに内部ネットワークのどこからでもアクセスできるようになっていないでしょうか。もし不必要にすべてのコンピューターどうしがお互いにアクセス可能に設定されている場合、一台がランサムウエアに感染しただけですべてのコンピューターに被害が広がる恐れがあります。内部ネットワークに関してもアクセス制御を行い、必要最小限のアクセスに制限することで、もしランサムウエアに感染した場合でも被害を抑えることが可能です。

　このようにネットワークの構成状況を把握するため、一般的にはネットワーク構成を図式化したネットワーク構成図を作成することが推奨されます。**図表 5-1**に簡単なネットワーク構成図の例を記載します。

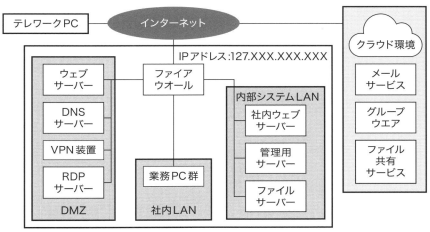

図表5-1 簡単なネットワーク構成図の例

5-2-2 IT資産管理状況の把握

ネットワーク構成の把握と同時に、侵入経路の想定のために、自組織で利用している機器やソフトウエアなどのIT資産を漏れなく把握しておく必要があります。次項の「脆弱性管理状況の把握」にもつながりますが攻撃者はネットワーク機器やソフトウエアの脆弱性を悪用して侵入する場合が多くあります。

また、組織では許可されていないネットワーク回線やコンピューター、ITサービスなど、いわゆる「シャドーIT」と呼ばれるIT資産が存在する場合があります。それらの管理されていないIT資産を悪用して侵入されるケースもあります。そのため、自組織ではどのようなIT資産があるのか洗い出しを行い、それらがどのように管理されているのか確認しましょう。

IT資産管理を行っていない場合は、資産管理ソフトの導入や管理台帳の作成を行い、IT資産の所在や利用状況、許可されていない資産が存在しないか確認することを推奨します。もしかしたら、既に提供元からのサポートが終了しているソフトウエアなどの利用が見つかるかもしれません。

それに加えて、IaaSやPaaSなどのクラウド環境を含め、不用意に公開されたサービスがないかも併せて確認しましょう。パスワード認証で公開されていたSSHサービスやリモートデスクトップサービスを経由して侵入された事例もあ

ります。特にクラウドを用いた環境構築の際には、比較的甘い設定（IPアドレスでのアクセス制限なし、簡易なパスワード）にしてしまうケースも多く見られます。

　IT資産の特定を自社で行うのが難しい場合、外部委託する選択肢もあります。アタックサーフェスマネジメントサービスは、自組織における攻撃対象領域（アタックサーフェス）を把握するためのサービスです。実際の攻撃と同様の視点で侵入経路を探索することで、対象組織が所有するコンピューターやネットワーク機器などを把握できるようになります。自組織で侵入経路となり得るIT資産を把握することが難しい場合は、このようなサービスの利用も検討してみてはいかがでしょうか。

　このように、IT資産管理やアタックサーフェスマネジメントサービスの活用により自組織で利用しているハードウエアやソフトウエア、サービスを把握し、侵入経路を想定できるようになります。

5-2-3 脆弱性管理状況の把握

　次に、これらの機器やOSなどのソフトウエアに脆弱性が存在していないか、脆弱性を管理するための仕組みが整っているのかなど、自組織における脆弱性管理状況を確認しましょう。

　システムの稼働やソフトウエアの動作を優先し、脆弱性を放置するケースが見られますが、それでは攻撃者の的になってしまいます。特に外部からアクセスするためのネットワーク機器は一般的な侵入の糸口となっています。そのため、セキュリティー対策としては脆弱性への対応が特に重要視されています。

　まずは、資産管理にて整理できたIT資産について普段から脆弱性情報の収集を行うようにしましょう。自組織で利用しているIT資産に脆弱性が存在することが判明したら、できるだけ早くパッチの適用や緩和策の実施をしましょう。冗長化のための予備機に関してもアップデートを怠らないようご注意ください。故障や障害が発生した際に、脆弱性を放置した予備機に交換し、そこから侵入される可能性があります。なお、パッチ適用による現在のシステムへの影響が

懸念される場合は、別途テスト環境を用意することで影響有無を確認できます。

また、VPN装置などのネットワーク環境の構築やシステムの構築を外部のベンダーに委託した場合、パッチ適用やアップデートなどの製品保守まで対応してくれるか否か、サービス仕様は特に注意して確認しましょう。保守までしてもらえると思っていたら実際には構築のみの契約で、脆弱性が放置された状態で攻撃を受けたというケースもあります。

保守を含む契約であっても、ソフトウエアのアップデートなどセキュリティーに関する保守も含まれているか確認が必要です。セキュリティーの観点に限りませんが、システムの構築をアウトソーシングする場合は、自組織とベンダー側の責任範囲を明確にしておくことが重要です。

5-2-4 アカウント管理状況の把握

攻撃者は攻撃対象のシステムへの侵入や侵入後の活動に組織内のアカウントを悪用する場合があります。ケースとしては、委託先のITベンダーが機器のセットアップ（キッティング）に使用するアカウントや一時的に作成したアカウントが悪用されることがあります（図表5-2）。

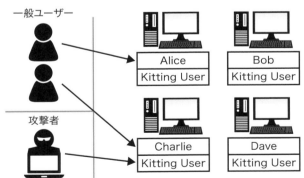

図表5-2　キッティング用アカウント「KittingUser」が狙われる図

脆弱性対策をしたとしても、既に漏えいしていた認証情報を悪用して侵入される場合があります。攻撃者はダークウェブと呼ばれる秘匿されたネットワークで購入したアカウント情報を利用して侵入を試みることがあります。この場合、

攻撃者は従業員と同じ正規の方法でアクセスしてくるため、VPN装置などの脆弱性に対するパッチを適用していたとしても侵入を許してしまいます。このような場合に備えて、ユーザー名とパスワードといった知識情報のみの認証方法でなく、多要素認証を導入するべきです。

　また、ドメイン管理者権限を持つアカウントの保護も重要になります。攻撃者は攻撃対象の環境に侵入後、環境掌握のためドメイン管理者アカウントの奪取を狙います。サービスやバッチ処理を管理者権限で常時実行している場合や、不用意な管理者権限を持つアカウントのログオンが多い場合はメモリ上に保存されたデータなどから認証情報を窃取されやすくなります。ドメイン管理者アカウントを保護するため、以下の設定および運用を検討ください。

- ・管理者アカウントを利用する際は専用のコンピューターを用いる
- ・使いまわしのない強固なパスワード（大文字小文字の英数字、記号を含む10字以上の推測困難な文字列）を設定する[2]
- ・ログオンには多要素認証を設定する
- ・管理者アカウントの利用（サービスやバッチ処理の実行を含む）は最小限に留める
- ・定期的なドメイン管理者アカウントの棚卸や利用状況の確認を行う

　このように、普段使用しないアカウントや漏えいした認証情報、ドメイン管理者権限の悪用が想定されるため、定期的なアカウントの棚卸しや、設定、運用方法の見直しが必要になります。なお、ダークウェブ含めインターネット上でのアカウント情報の公開有無を監視するセキュリティーサービスもあり、検討に値します。

5-2-5　ペネトレーション（侵入）テストで弱点を知る

　攻撃者からの侵入に対する自組織の弱点を把握する最もシンプルで効率的な方法は、実際に攻撃者の視点で自組織の環境に侵入できるか試すことです。ペネトレーションテストでは、専門家による疑似的な攻撃を仕掛けることで、現状実施しているセキュリティー対策の有効性をチェックすることができます。

　ペネトレーションテストの注意点は、業務への影響を考慮する必要があることです。診断範囲の設定を中心としたシステム管理者らとの調整や疑似攻撃の事前準備などが必要であり、疑似攻撃そのものにもある程度の期間を要します。一般的にはペネトレーションテストの依頼からテスト完了まで数カ月かかり、即時に実施できるものではない点は認識しておく必要があります。

5-3
被害に備えて

5-3-1　バックアップが最も有効

　ランサムウエア攻撃を受けてファイルが暗号化されてしまったとき、事業をすみやかに元に戻すためには、バックアップから復旧できるのがベストです。バックアップから復旧が可能であれば、身代金を払うことを検討する必要もなくなります。

　しかし、バックアップの取り方に問題があれば、バックアップも暗号化され、結局復旧できないということもあります。例えば、バックアップを被害に遭ったコンピューター上に作成している場合や、バックアップ保存先がファイル共有したフォルダーである場合などは、ランサムウエアによりバックアップごと暗号化されてしまいます。

　そのため、バックアップは以下のようなネットワーク的に分離した場所に作ります。

　・外付けハードディスクや磁気テープ
　・クラウドサービス

　外付けハードディスクや磁気テープは、バックアップデータをオフラインに保管できるため、ランサムウエアによるバックアップデータの暗号化被害のリスクを最小限にすることができます。ただし、これらをコンピューターに接続

したままにしておいては、暗号化されてしまいますから、バックアップが終了したら接続を切るように運用しましょう。

　また、クラウドを利用するバックアップでは、バックアップデータにアクセスするにはコンピューターのアカウントとは別系統の認証情報が必要になります。そのためデータ暗号化のリスクを抑えることができます。

　イミュータブルストレージという種類の製品もランサムウエア対策に有効で、注目されています。イミュータブルとは「不変の」という意味で、対象のデータをコピーし変更不可にするなどして、ランサムウエアによるバックアップデータの暗号化を防いでくれます。

　また、バックアップを取るだけではなく、どのようにデータを復旧させるのか、それにはどのくらい時間がかかるのかなどをまとめた復旧計画も策定しておきましょう。策定した復旧計画に従って、年に1回程度、実際にデータ復旧のテストを実施しておくことも重要です。有事の際に復旧を試みたらバックアップの設定に誤りがあり、復旧できなかったというケースもあります。

　なお、すべてのデータをバックアップするのは現実的ではありません。何をバックアップすべきなのか、重要データの特定を行ったうえで実施しましょう。

5-3-2 インシデントに備えた防御策

　ランサムウエア攻撃による被害を防いだり、少なくしたりするために、様々な防御策があります。一つだけでなく多段階で防護策を持っておくことが大事です。

　まず、ウイルス対策は基本中の基本です。ただし、設定は注意してください。多くのウイルス対策ソフトでは初期設定として検知されたファイルを「駆除」、すなわち削除してしまう設定になっています。駆除してしまった場合、それが具体的にどのような機能を有した検体なのか、それによる影響はあったのかなどの調査ができなくなります。それに対し検知ファイルを「隔離」する場合は、検体は暗号化されウイルス対策ソフト専用のフォルダーに保管されることで後

から解析できるようになるため、「駆除」ではなく「隔離」する設定にすることを推奨します。

また、攻撃者は組織が利用しているネットワーク機器やサーバー、ソフトウエアの脆弱性を悪用して侵入してきます。まずは自組織で利用しているIT機器やソフトウエアに脆弱性がないか、しっかり管理できるようにしましょう。脆弱性がある場合は最新のセキュリティーパッチの適用を行うことで、その脆弱性の悪用による侵害を防ぐことができます。そのためにも、自組織で利用しているIT資産に関する脆弱性情報は常に注視し、日ごろから新たな脆弱性やセキュリティーパッチの配信を確認するようにしましょう。

また、VPNでログインするアカウントの情報が漏れて侵入される場合もあります。このような認証情報が漏えいしたことに、侵入される前に気づくことは困難です。漏えいした認証情報や脆弱なパスワードの悪用を防止するためには、携帯電話を使った認証などを併用した多要素認証の導入が必要です。

侵害拡大の対策としては、自組織で利用しているサービスやコンピューターのアカウントのパスワードは十分長く複雑なものを設定し、使いまわしのないようにしましょう。

攻撃者はコンピューターに侵入した後、侵害拡大や機密情報の探索を行います。攻撃者の侵害範囲を拡大させないために、社内ネットワーク上の重要サーバーや共有フォルダー、クラウドサービスへのアクセス権限は必要最小限にとどめられるよう、IPアドレスでの制限やユーザー権限によるファイル／フォルダーのアクセス制限などを推奨します。必要に応じてネットワークセグメントの分割やネットワーク構成の見直しも検討しましょう。

さらに、重要データの保護のため、データの暗号化などのデータ保護ソリューションの活用を検討しましょう。これによって、重要データを窃取されたとしても攻撃者が中身を読むことができないようにできます。「身代金を払わないとデータを公開する」という二重脅迫への対策になります。

情報漏えい対策としては、DLP（Data Loss Prevention）と呼ばれる製品があります。DLPは、事前に保護すべきファイルを指定しておき、それらのファイ

ルの持ち出しを監視します。監視対象のファイルが持ち出される際には、アラートによる通知や送信の防止がされることで重要データの流出を防いでくれます。なお、DLPはキーワードや正規表現を使って保護対象の重要データを判定するため、ファイルを一つひとつ指定する必要はありません。

　このように、侵入や侵害拡大、情報窃取など、さまざまな段階に対してインシデントに備えた防御策を実施しておきましょう。

5-3-3　インシデントに備えた事業継続計画とトーニング

　ここまで紹介したような技術的な防御策を講じたとしても、攻撃者はそれを乗り越えて侵入してくる可能性があります。例えば、修正パッチが提供されていない脆弱性を悪用したゼロデイ攻撃や、パッチ適用前に攻撃を仕掛けて来る可能性もあります。このように、セキュリティー対策には残念ながら完璧はありません。攻撃を受ける前提で日ごろから準備しておきましょう。自然災害や事故に備えて行う避難訓練と同じです。ランサムウエア攻撃を受けたとしたらその後どのように行動するのか、素早く対応できるかを考え、セキュリティーインシデントに備えて事業継続計画（Business Continuity Plan。以下、BCP）の策定とそれに基づくトレーニングを行っておきましょう。

　BCPとは本来、自然災害や事故などが発生した際に損害を最小限に抑えて事業を継続させるために、復旧を含めた対応手順を決定しておく計画です。これまで述べてきた通り、ランサムウエア攻撃は事業が継続できなくなる恐れがある脅威です。ランサムウエア攻撃を含め、サイバー攻撃に関してもBCPに組み込んでおく必要があります。

　「第3章　ランサムウエア被害に遭ったらどのような技術対応をするべきか」をもとに、ランサムウエア攻撃による被害に遭った際の対応方針や、特に被害を受けたコンピューターの保全方法およびバックアップからの復旧方法を決定しておき、実際に保全ができるか、データの復旧が可能か実践して確認しておきましょう。作業に関しては手順書を作成しておくことをお勧めします。

　なお、トレーニングの題材に困る場合は、セキュリティー企業が提供するセキュリティートレーニングサービスの利用も検討してみてください。実際の攻撃シ

ナリオに近い演習により、より実践的な対処法の習得が期待できます。

5-4
侵入を検知するには

5-4-1 ログの取得

攻撃者による不審な活動を捉えるためには、その活動の痕跡を記録する仕組み、すなわちログの取得が必要です。ログは、セキュリティーインシデントが発生した際の調査にも非常に有用です。記録できるログの種類は機器やソフトウエアにより異なり、一般的には以下のものがあります。

・ネットワーク関連ログ
・セキュリティー製品のログ
・Windows/Windows Serverのイベントログ
・Linuxのログ
・クラウドサービスのログ

それぞれどのようなログが取得できるのか見ていきましょう。

5-4-2 ネットワーク関連ログ

ネットワーク機器では、通信に関するログが記録されます。主に攻撃者がいつ、どこから侵入してきたのかを特定する手掛かりになります。また、一般的に重要データは容量が大きく、それらの窃取の際には通信量が増大することから、通信量の記録は重要データが窃取されたかどうかの判断材料の一つになります。ネットワーク機器といってもそれぞれ役割や用途が異なるため、一般的にどのような情報が記録できるのか紹介します。

VPN機器では、VPNへの接続元IPアドレス、ユーザー名、接続日時や通信量などのログが収集できます。

ファイアウオールでは、通信元／通信先のIPアドレス、接続日時、通信プロトコルや通信量などのログが取得できます。

プロキシサーバーでは、ファイアウオールと同様にIPアドレスやアクセス日時に加え、アクセス先のURLやドメイン名が取得できます。

内部にDNSサーバーを設置している場合は、不審な名前解決を確認するためにクエリーログを取得しましょう。

DHCPを利用している場合、コンピューターに割り当てられるIPアドレスは動的に変化してしまいます。セキュリティーインシデントが発生しフォレンジック調査を実施する場合、IPアドレスによる端末の追跡が困難になってしまいます。どのIPアドレスがいつどのコンピューターに割り当てられたのか明確にするため、DHCPログを取得しておくとIPアドレスとコンピューターの紐づけが可能になります。

このように、ネットワーク関連のログは、攻撃者がいつどこからやってきたのかの特定や不審通信の特定に有用なものです。

5-4-3 セキュリティー製品のログ

ウイルス対策ソフトでは、ウイルスを検知した際に検知日時やウイルスの名称などが記録されます。

また、資産管理ソフトは単にデバイスやソフトウエアなどのIT資産の一元管理だけでなく、コンピューター上のユーザー操作が記録できるものがあります。ファイル操作やウェブアクセスなど、セキュリティーインシデントに繋がるユーザー操作や悪用されたユーザーの活動を追跡できることがあるため、導入している製品に合わせて、どのようなログが取得できるのか事前に確認しておきましょう。

5-4-4 Windows/Windows Serverのイベントログ

　コンピューターのOSとして広く利用されているWindowsでは、システム上で発生した様々な事象をWindowsイベントログに記録しています。それらの記録は攻撃者が被害コンピューター上で行った侵害行為を追跡するために非常に有益です。ただし、ログ項目の中にはデフォルトでは無効化されているものもあり、フォレンジック調査のため有効化が推奨される項目もあります。筆者が所属するラックが提供する無料調査ツール「FalconNest」で調査する際に取得を推奨しているWindowsイベントログ項目は付録「Windowsイベントログ_監査ポリシー設定手順 (FalconNest) [3]」を参考に設定いただけます。

　なお、「Security」のログは監査ポリシーの内容によっては大量に記録されるため、特にWindows Serverでは十分な最大サイズ設定するか、古いものはアーカイブする設定を検討してください。

5-4-5 Linuxのログ

　Windows Serverのほかに、サーバーOSとしてLinuxディストリビューションが多く利用されています。この種類のOSでも認証関連のログや実行されたコマンドのログなどが記録されます。Linuxディストリビューションによって細かな違いはありますが、OSが記録する主要なログは「/var/log/」ディレクトリ配下に記録されることが多いです。

　また、Linuxでは監査システム「Audit」を利用することでセキュリティー関連のイベントを記録することができます。「Audit」は、ルールを設定することで特定のファイルもしくはディレクトリへのアクセスの監査や、プログラムが呼び出したシステムコールの監査ができます。これにより、重要データへのアクセスや攻撃に関連する挙動を記録することができます。「/usr/share/doc/auditd/examples/rules/」配下に用意されている設定例を参考に、自組織の環境に合わせてルールを設定しましょう。

　Linux環境で保管を推奨する最低限のログファイルを**図表5-3**に示します。

図表5-3　Linuxの主要なログファイル

ログファイルパス	説明
/var/log/btmp	ログイン失敗履歴を記録
/var/log/wtmp	ログイン履歴を記録
/var/log/auth.log	認証関連のログを記録（Debian系OS）
/var/log/secure	認証関連のログを記録（RedHat系OS）
/var/log/syslog	認証関連以外のシステムに関するログ全般を記録
/root/.bash_history	Rootユーザー（システム管理者）が実行したコマンドラインの履歴を記録
/home/(ユーザー名)/.bash_history	特定のユーザーが実行したコマンドラインの履歴を記録
/var/log/audit/audit.log	対象のファイルもしくはディレクトリへのアクセスやシステムコールなどを記録。ただしデフォルトではログが記録されず、別途「Audit」の設定が必要

　これらに加えて、「Apache HTTP Server」や「nginx」などのサーバーソフトウエアを利用している場合は、それらのソフトウエアが記録するログも保管しておきましょう。サーバーソフトウエアに対する攻撃が記録できる場合があります。Linuxを利用している場合は、サーバーソフトウエアのログも多くは「/var/log/」ディレクトリ配下に保存されますが、ソフトウエアにより保存場所が異なるため、自組織で利用しているもののログ保存場所は確認しておきましょう。

5-4-6　クラウドサービスのログ

　クラウドサービスの普及により、日本でも利用が広がっています。サイバー犯罪者はクラウド環境も攻撃のターゲットの一つにしています。また、攻撃者はクラウドサービスへのサインインやクラウド上のリソースへのアクセス、クラウド環境の設定変更などを行うことがあります。これらのクラウド環境上の不正な活動有無やその内容を確認するためにも、同環境やサービスでもログを取得することが推奨されます。

　取得できるログの内容はクラウドサービスに依存するため、まずは自組織で利用しているサービスではどのようなログが取得できるのか確認しておきましょう。また、PaaSの場合、プラットフォームによってはログ取得設定がデフォルトでは無効になっている場合があるため、利用しているクラウドサービスに合

わせて、ログ取得を有効化しましょう。なお、ログの保管には別途ストレージが必要になる場合があり、追加でコストがかかることがあることに留意ください。

5-4-7　ログ保管の注意

また、これらのログを取得していたとしても、ランサムウエアの場合は（特にコンピューターのOSのログなど）保管しているログも暗号化されてしまう恐れがあるため、保管場所にも注意する必要があります。

それに加え、保存期間が短すぎるとインシデント発生時もしくは発覚時に必要な調査が実施できなくなる場合があります。インシデント発覚の数カ月前から侵害を受けていたケースや、フォレンジック調査により実は数年前にも別件で侵害を受けていたことが発覚するケースなどがあるため、特に重要なサーバーに関しては少なくとも1年分のログは保管しておくといいでしょう。ただし、ログ保管の期間が長ければ長いほど、それに必要なストレージも大きくなるため費用も増大します。そのため、コスト面も考慮してログ保管期間を検討しましょう。

このように、ログの保存・保管には、それぞれの機器や製品で個別の設定やストレージの確保などの問題があるということには留意する必要があります。

5-4-8　EDRによる不審な活動有無の監視

これらのログの取得に加え、攻撃者による不審な活動を記録し検知するシステムの導入が注目されています。攻撃を検知するためのシステムというと、ウイルス対策ソフトが思い浮かぶかもしれません。しかしながら、ランサムウエア攻撃を含め、サイバー攻撃をウイルス対策ソフトだけで防ぐことは残念ながら不可能であると言わざるを得ません。

ランサムウエアの攻撃グループは、自分たちが作ったランサムウエアがウイルス対策ソフトで検知されないように工夫し、検知されるかどうかのテストまで行っています。ウイルス対策ソフトのベンダーはそれに対応すべく尽力していますが、検知できないものもあるのも実情です。また、ウイルス対策ソフトはあくまでも「ウイルス」への対策にすぎません。「第4章　ランサムウエアに

よる手口と攻撃者像」で紹介したように、攻撃者はシステムへの侵入の際に脆弱性の悪用やシステムの設定不備を狙うことが多いため、攻撃者の侵入は防げません。それに加えて、侵入後の活動にはOSのコマンドやスクリプトの実行など、ウイルスなどのファイルを利用しない「ファイルレス攻撃」と呼ばれる方法を用いることもあります。これもウイルス対策ソフトだけでは検知できないものになります。

　ではどうやって攻撃者による不審な活動の有無やその内容を検知、防御すれば良いのでしょうか。解決策の一つとして、EDR（Endpoint Detection and Response）というソリューションがあります。コンピューターに対する防御として、ウイルス対策ソフトは警備員、EDRは防犯カメラに例えることができます。

　EDRの最大の強みは、コンピューターで実行されるすべてのプログラムの挙動を記録し、不審な挙動がないか監視し検知することができることと、検知に対しコンピューターの隔離などを即時対応できることです。ウイルスだけでなくプログラム全般の挙動を監視できるため、EDRは不審なコマンドやスクリプトの実行、データの持ち出しに関連する挙動、ランサムウエアによるファイル暗号化などを検知・ブロックできます。

　それだけでなく、EDRは以下の点から時間や人的コストの軽減が期待でき、攻撃発生時の調査においても非常に有用です。

　・フォレンジック調査における保全の要否
　・ログの取得

　フォレンジック調査の場合、保全のためリモートからの対応ができず、特に海外拠点は手間や時間がかかります。また、攻撃者は活動の痕跡を削除したり、そもそも痕跡が残らない方法を取ったりすることがあるため、保全データのフォレンジック調査では判明しないこともあります。それに対してEDRでは保全せずに調査可能であり、痕跡を削除されたとしても挙動を確認することができます。

　また、EDRはコンピューター上の動作（認証関連や操作、アプリケーションの動作など）が記録できるため、ログ保存問題の解決も期待できます。それぞれ個別にログを取得することも良いですが、EDR一つでエンドポイントのログを取得することができます。

　ただし、廉価なEDRではすべてのログを取得していない場合もあるため、製品の選定には留意が必要です。EDR製品の選定ポイントは「ログの記録方式」、「検知ロジックの更新方式」、「ログ検索機能」、「対処機能」の4つにあります。

1. ログの記録方式

　EDRの記録方式はドライブレコーダーと同じように「イベント記録方式」と「常時記録方式」の大きく2つに分けられます（**図表5-4**）。

- ・イベント記録方式：不審な挙動を検知した場合のみ動作を記録する
- ・常時記録方式：検知していなくとも常時すべての動作を記録する

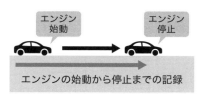

■**イベント記録方式**
・車に衝撃が加わった際に自動的に記録
・EDRの場合、不審な挙動を検知した
　場合に動作を記録する

衝撃検知

事故前後の記録のみ

■**常時記録方式**
・全ての動作を内容に関係なく記録
・EDRの場合、検知有無に関係なく
　全ての挙動を記録

エンジン始動　エンジン停止

エンジンの始動から停止までの記録

図表5-4　ドライブレコーダーになぞらえたログ記録方式のイメージ

　インシデントが発生した際に十分な調査を実施するためには、常時記録方式の製品を推奨します。イベント記録方式では他のセキュリティー対策で検知した場合や、検知していないが挙動を確認したいという場合に調査に利用できません。

2. 検知ロジックの更新方式

　EDRで検知するためのロジックのアップデート方式には、手動と自動があります。

　手動の更新方式では、検知ロジックを自組織で構築するため、組織の特性に合わせて検知の設定を行えます。その反面、新たな脆弱性や攻撃手法が見つかるたびにその内容に合わせて設定を作成する必要があります。

　自動の更新方式では、検知ロジックは製品のベンダー側で作成し、自動的にアップデートを配布してくれます。したがって利用者側の手間や設定ミスは起こらなくなります。これらのことから、検知ロジックを自動で更新する方式の製品を推奨します。

3. ログ検索機能

　EDRではログ検索により調査を行いますが、常時記録方式の製品では取得されるログの量が膨大になります。詳細なログ検索ができない場合、検知に無関係な大量のログの中からごく一部の必要なログを見つけ出すことになりますが、それでは痕跡を見落としてしまうリスクが非常に大きくなります。詳細な条件を指定して検索できる機能があれば、最初から必要なログをピックアップできるわけです。

　また、ログの保存期間やどのくらい遡って検索できるのかも製品によって異なります。せっかく事細かに動作を記録しても、1日分しか遡ってログを確認できなければ十分詳細な調査はできません。最低でも1週間ほどのログを検索できるのが望ましいです。

　ログの検索機能については以上の点に留意しましょう。

4. 対処機能

　EDRの強みである、検知されたコンピューターの隔離などの対処機能が十分備わっているか確認する必要があります。インシデント対応では、次のようなリモート操作機能が必要とされます（**図表** 5-5）。

図表5-5 EDRに求められる対処機能

端末の隔離・隔離解除機能	攻撃や感染の拡大を止めるため、検知されたコンピューターを隔離する機能が必要。また、復旧時には隔離解除できると良い
ファイル取得、削除機能	ウイルスが作成された場合に、ウイルス解析のためファイルを取得できる機能や、復旧の際に誤って実行されないよう削除できる機能が必要
プロセス停止機能	ウイルスなどの起動中の不審なプロセスを停止させる機能が必要
遠隔操作機能	コンピューターが隔離されている状態でも、実行中のプロセスのリストやファイル一覧、レジストリーの設定状況などをリモートで確認する機能が必要

5-4-9 侵入検知システムの運用

　これらの検知システムを導入するだけでは、インシデント発生時に対応することができません。そのため、検知システムの運用体制を構築する必要があります。

　これらの監視や検知されたアラートの分析は以下の理由から専門業者に委託することを推奨します。

・検知したアラートが攻撃なのか、誤った検知なのかの判断をしなくてはならないが、それには攻撃手法などに関する知識や技術が必要になる。
・検知した内容に対する適切な対応や対策を取る必要がある。
・これらに対処できる専門家を自組織で育成するには時間とお金がかかり、業者に委託するよりも割高になってしまったり、対応が十分にできない期間が生まれてしまったりする。

5-4-10 脅威インテリジェンスの活用

　これらの対策を、防御という面で強化する方法として「脅威インテリジェンス」の活用があります。脅威インテリジェンスとは、サイバー攻撃の脅威に関する情報を集約、分析することでセキュリティー対策に活かす取り組みです。

　日本においてもランサムウエア攻撃を含むサイバー攻撃による被害が増加しており、攻撃手法やウイルスの特徴、攻撃の痕跡などの知見も増えてきています。

他組織におけるサイバー攻撃被害で確認されたこれらの脅威情報を集約し活用することで、自組織が同じ攻撃によって被害に遭うのを防ぐことが期待できます。

　脅威インテリジェンスは攻撃手法や痕跡の知見というだけでありません。そこには「攻撃に至るまでの行動」や「攻撃後の行動」など、攻撃者の活動に関する情報も含まれます。攻撃者たちはダークウェブで、攻撃対象の選定やその対象の弱点（侵入経路）、攻撃手法やウイルスの売買などの攻撃に関する準備を行うとされています。ダークウェブを監視してそこからの情報を得ることで、未然に攻撃を察知し、対応することが期待できます。

　また、攻撃者たちは販売や脅迫のため、ランサムウエア攻撃で取得した被害組織の機密情報等をダークウェブ上に一部公開する場合があります。ダークウェブ含め、インターネット上に流出したそれらの情報を監視することで、自組織で情報漏えいが起きたかどうか、もしくはどのような情報が漏えいしたかの判断材料の一つにすることができます。

　ただし、これらの情報を人の目で随時チェックし続けることは現実的ではありません。このような脅威インテリジェンスを監視するサービス[4][5]も存在します。そのようなサービスの利用も検討に値します。

5-5

管理体制を整える

　以上のようにランサムウエアから組織を守るために具体的にやるべきことが整理できたら、これらを実施するための管理体制を整理しましょう。

　サイバーセキュリティー対策を実施するためには、管理体制が構築されていなければなりません。管理体制が構築されていなければ、だれが何の役割を担い、何をすべきなのか、どこまで責任を持つのかわからず、統率が取れなくなってしまいます。インシデント発生時にそうして混乱している間に被害はより深刻化してしまう恐れがあります。インシデントが起こる前に、それに対応するための体制を整えておきましょう。

5-5-1 セキュリティーリスクの洗い出しと
セキュリティーポリシーの策定

　管理体制の構築の前に、自組織の抱えるセキュリティーリスクと、それに対してすべきことを洗い出しましょう。まずはランサムウエア攻撃を受けた場合のリスクを考えてみましょう。

　自組織はランサムウエア攻撃を受ける恐れがあるでしょうか。もしランサムウエア攻撃を受けたら自組織への影響はもちろんのこと、取引先や親会社などのサプライチェーンには影響が及ばないでしょうか。そして、それらに対して対策は十分実施されているでしょうか。ここまで紹介した対策を受けて、自組織でやるべきことを整理しましょう。なお、業務環境の変化や新たなシステムの導入などによって新たなリスクが生じる場合もあるため、定期的に自組織のセキュリティーリスクの見直しを行いましょう。

　リスクの洗い出しができたら、それらの対応指針を示すセキュリティーポリシーを検討しましょう。セキュリティーポリシーは、自組織で守るべき情報資産とそれを組織全体で守っていくための基本的な考え方や方針を明確にすることで、情報資産をサイバー犯罪などの脅威から守ることを目的として作成します。このポリシーはセキュリティー担当者や経営層だけでなく、自組織内のすべての社員に周知することで、組織全体のセキュリティー意識向上が期待できます。

　セキュリティーポリシーを公開している組織も多く、他組織が公開しているポリシーは非常に参考になります。同業他社などいくつか他組織のポリシーを見比べながら、自組織ではどのような対応方針を取るべきなのか考えてみましょう。例えばラックでは**図表 5-6**、**図表 5-7** に記載している通りセキュリティーポリシーを公開しています。

5

情報セキュリティ基本方針

1. 宣言

株式会社ラックおよび当社のグループ会社各社（以下、「ラックグループ」と称す）は、企業理念に基づき、すべての情報資産に対する機密性、完全性、可用性の確保・向上に努め、お客様を含む社会全体の信頼に応えるため、情報セキュリティ基本方針（以下、本方針）を定め、これを実施し推進することを宣言します。

2. 適用範囲

本方針では、ラックグループが管理するすべての業務活動に関わる情報資産（含個人情報）を適用範囲とします。

3. 法令遵守

ラックグループは、情報セキュリティに関する各種法令、国が定める指針およびその他規範を遵守します。

4. 情報セキュリティ管理体制の確立

ラックグループは、情報資産の保護および適切な管理を行うため、情報セキュリティ管理体制ならびにセキュリティインシデントの緊急時対応体制を整備すると共に、情報セキュリティに関する責任者を配置し情報セキュリティ推進体制を構築します。

図表5-6　株式会社ラックのセキュリティーポリシー①（2022年8月時点）
出典：ラックのウェブサイト（https://www.lac.co.jp/security_info.html）

5. 情報セキュリティ規程の制定

ラックグループは、情報資産の保護および適切な管理を行うため、情報セキュリティに関する規程、基準等を制定し、社内に周知徹底します。

6. 情報セキュリティ対策の実施

ラックグループは、情報資産に応じた適切な情報セキュリティ対策を実施することで、情報セキュリティ事故の発生予防に努めます。万一、事故が発生した場合には、迅速に対応し、被害を最小限にとどめるとともに再発防止のための措置を講じます。

7. 情報セキュリティ教育・訓練の実施

ラックグループは、すべての従業者に対して、情報セキュリティの重要性の認識と、情報資産の適正な利用・管理のために必要な教育・訓練を実施します。

8. 定期的評価および継続的改善

ラックグループは、情報セキュリティの取り組みを維持するとともに、経営環境や社会情勢の変化に対応するため、定期的に情報セキュリティに関する管理体制および対策実施状況を評価し、継続的な改善を図ります。

図表5-7　株式会社ラックのセキュリティーポリシー②（2022年8月時点）
出典：ラックのウェブサイト（https://www.lac.co.jp/security_info.html）

5-5-2 シーサートやセキュリティーに関する管理体制の構築

　前項でセキュリティー対策としてやるべきことや対応指針が決まったら、役割を分担して実際の対応に移ります。だれがどのようなタスクを担当するのかを取り決め、セキュリティー対策の体制を構築しましょう。

　特に、組織全体のセキュリティー対策やインシデント対応を行うチーム「シーサート（Computer Security Incident Response Teamの頭文字より、CSIRT）」の設置が重要です。シーサートを設置する目的は、組織全体のインシデント対応を一元管理することで、円滑に対処できるようにすることです。よく消防署や消防団に例えられ、インシデントの火消しや再発防止を行うイメージです。シーサートの役割は主に以下のようなものです（**図表**5-8）。

図表5-8　シーサートの役割

平時	セキュリティー対策の強化および見直し、監視の運用、組織内外の情報共有（詳細は次節を参照）など
インシデント発生時	状況把握、被害拡大防止、復旧と対策の実施など

　シーサート構築にはJPCERT/CCが公開している「CSIRTガイド[6]」が参考になります。また、運用していく中では「コンピュータセキュリティーインシデント対応チーム（CSIRT）のためのハンドブック[7]」を辞書がわりに活用できます。

　シーサートを含め、セキュリティーに関する管理体制の構築や役割の決定には、主に経営層やセキュリティー責任者・担当者向けに経済産業省が公開している「サイバーセキュリティ体制構築・人材確保の手引き[8]」が参考になります。この手引書で紹介されているサイバーセキュリティーの分野（役割）とその関連タスクの例を**図表**5-9に記載します。

図表5-9　サイバーセキュリティー分野とその関連タスクの例
出典：サイバーセキュリティ体制構築・人材確保の手引き

	分野名	サイバーセキュリティ関連タスクの例
経営層	セキュリティ経営（CISO）	・サイバーセキュリティ意識啓発
	デジタル経営（CIO/CDO）	・対策方針の指示
	企業経営（取締役）	・セキュリティポリシー・予算・対策実施事項の承認　等
戦略マネジメント層	セキュリティ監査	・情報セキュリティ監査、報告・助言　等
	システム監査	・システム監査、報告・助言　等
	セキュリティ統括	・サイバーセキュリティ教育・普及啓発 ・サイバーセキュリティ関連の講義・講演 ・サイバーセキュリティリスクアセスメント ・セキュリティポリシー・ガイドラインの策定・管理・周知 ・警察・官公庁等対応 ・社内相談対応 ・インシデントハンドリング　等
	デジタルシステムストラテジー	・デジタル事業戦略立案 ・システム企画 ・要件定義・仕様書作成 ・プロジェクトマネジメント　等
	経営リスクマネジメント	・経営リスクマネジメント ・BCP/危機管理対応 ・サイバーセキュリティ保険検討 ・貴社・広報対応 ・施設管理・物理セキュリティ ・内部犯行対策　等
	法務	・デジタル関連法令対応 ・コンプライアンス対応 ・契約管理　等
	事業ドメイン	・事業特有のリスクの洗い出し ・事業特性に応じたサイバーセキュリティ対応 ・サプライチェーン管理　等

　なお、セキュリティー対策としてのタスクの中には、ペネトレーションテストやセキュリティー監視など、一部外部委託できるものもあるため、自組織のリソースや対策方針に応じて外部サービスの利用も検討してみてください。

　また、一般の従業員や職員にも、サイバー攻撃の被害にあった場合やセキュリティーインシデントを起こしてしまった場合にどのような行動をすべきか明確に周知しておきましょう。例えば、不審なメールに添付されたファイルを実行したなど、セキュリティーインシデントにつながる恐れがある行動をしてしまったものの、そのことを誰にも報告しないという事態が発生することも考えられ

ます。セキュリティー責任者や、場合によっては経営層へのエスカレーション
が適切に行われる体制作りも重要です。

5-5-3 組織内外の情報共有

　組織内では、インシデントのエスカレーションが特に重要です。一部の従業
員が異変に気付いていたとしても、報告せずにその場で何とかしようとしたり
無視したりした場合、いつの間にか手遅れになってしまう恐れがあります。イ
ンフルエンザに感染すること自体が悪いのではなく、報告せずに出社してウイ
ルスをまん延させることが悪いといったことと同じです。そのため、従業員が
エスカレーションしやすい風通しの良い組織づくりというのは、セキュリティー
対策に関しても非常に重要です。人間のミスは仕方がないものなので、それを
責めるのではなく、それを放置することが危険という共通認識を組織内で確立
させると良いです。それに加えて、組織内で異変を素早く連絡する緊急連絡網
の整備が重要になります。

　また、部門間の情報共有も大切です。他部門で発生した問題と同じ問題に遭
遇する場合もあります。すでに遭遇したトラブルであれば、その経験を活かし
て素早く解決できるようになります。そのため、インシデントやセキュリティー
に関する問題の共有を行い、他部門で発生した問題と同じ轍を踏まずに済むよ
うにしましょう。部門間でもメーリングリストやチャットグループなどで情報
が共有しやすくなる仕組みづくりも効果的です。

　組織外との情報共有も大切です。脆弱性や攻撃の情報を含め、他組織で発生
したインシデントの原因や対策といった情報を把握しておくことで、万が一同
じ問題に遭遇した際に円滑な対応をとれることが期待できます。日本シーサー
ト協議会[9]やFIRST（Forum of Incident Response and Security Teams）[10]
に加盟することで、他組織シーサートとの情報共有の仕組みが活用できます。

　また、セキュリティーに関する注意喚起も平時から収集しておきましょう。脆
弱性情報を含め、他組織のインシデントや新しいセキュリティー製品などの情
報が得られます。参考になるウェブサイトの例を次に紹介します（**図表5-10**）。

図表5-10　セキュリティーに関する情報収集に活用されるウェブサイトの例

組織名/ウェブサイト名	種別	URL
日経クロステック	ニュースサイト	https://xtech.nikkei.com/genre/security/
Security Next	ニュースサイト	https://www.security-next.com
ScanNetSecurity	ニュースサイト	https://scan.netsecurity.ne.jp
ZDNet Japan	ニュースサイト	https://japan.zdnet.com/security/
JPCERT/CC	注意喚起サイト	https://www.jpcert.or.jp/menu_alertsandadvisories.html
IPA	注意喚起サイト	https://www.ipa.go.jp/security/announce/alert.html
JVN (Japan Vulnerability Notes)	脆弱性情報	https://jvn.jp

5-6
対策の優先順位とコスト

5-6-1　コストと効果から考える優先順位

　これまで説明してきたランサムウエア攻撃の対策すべてをいきなり実行に移すことは、金銭的な問題や人的リソースの問題があるため現実には難しいでしょう。予算も人員も十分にあるという組織はそう多くはありません。そのため優先順位をつけて対策を実施することになりますが、組織の規模や予算などによっても対応が難しかったり、方針が異なったりすることがあるため、コストや効果も考慮したうえで、特に優先すべき事項を次にまとめます。

1. 脆弱性対策と認証の強化

　　攻撃者は標的が脆弱性のあるシステムを利用しているかを調べ、侵入の足掛かりにします。特にVPNやコンピューターのOS、外部に公開されたサーバーに関する脆弱性情報には普段から注視し、緩和策や修正パッチの適用が迅速に行えるようにしましょう。

　　また、パッチを適用して脆弱性を塞いでいても、何らかの方法で認証情報を窃取された場合には、その認証情報を用いて侵入される可能性があり

ます。認証方法には可能な限り多要素認証を取り入れ、機密性を確保しましょう。

2. バックアップの取得とデータ保護

　ランサムウエアによるデータ破壊はそれだけで経営問題に直結します。データ暗号化により事業が停止する恐れがあるからです。事業継続のためにはデータ復旧が不可欠であるため、バックアップがしっかり取れているかどうかで大きな違いが生じます。また、せっかく取得したバックアップまで暗号化されないよう、ネットワークから分離して保管しましょう。

　それに併せて、重要データに対する適切なアクセス権の設定や、データ暗号化による保護など、データ保護や情報漏えい対策も実施することが望まれます。

3. 各種管理体制の構築とリスクの洗い出し

　セキュリティー対策は一人でできるものではありません。技術的な対策はもちろんのこと、自組織が抱えるセキュリティーリスクの洗い出しや対策／対応方針の決定など、様々な部門を巻き込んで検討すべきことが非常に多くあります。管理体制の構築により、それぞれの役割や責任範囲を明確にし、検討した対策に抜け漏れが発生しないようにしましょう。

4. ログの取得と監視の導入

　侵入の検知や有事の際の影響調査のため、普段から必要なログを取得しておきましょう。また、それらを監視する仕組みが導入されると、侵入の検知や影響範囲の調査により被害の特定や最小化が期待できます。特にEDR/XDRはコンピューターの保護および有事の際の調査にも活用でき、検知された事象への迅速な対応ができるようになることが期待できます。このような特性から、EDRはセキュリティー対策製品として特に注目されており、導入が拡大しています。攻撃の早期発見、被害の最小化、迅速な対応などのため、技術的な対策として監視システムの構築は十分検討する余地があります。

　なお、これらはあくまでも最優先の対策に過ぎません。このほかの対策については、「CIS Controls[11] [12]」を参考に優先順位をつけることができます。「CIS Controls」は、米国のセキュリティー非営利団体CISが、企業がサイバーセキュリティー対策として取り組むべき事項をまとめたガイドラインです。

　このガイドラインでは企業と防御策（セーフガード）を企業の規模やセキュリティー人材の有無などによりIG1（IG：実装グループ）、IG2、IG3の3段階に分類しています（**図表5-11**）。まずはIG1、それからIG2、IG3に当てはまる対策へと広げていくイメージで優先順位をつけて、そのほかの対策を実施していきましょう。

IG1
・データの機密性：低い（従業員情報・財務情報）
・サービスのクリティカル度：ダウンタイムは限定的
・ITセキュリティの専門知識：限定的
・関心事：事業の継続性
・脅威：一般的な攻撃（標的型ではない）
セーフガード数 **56**

IG2
・データの機密性：高い（個人情報・取引先情報）
・サービスのクリティカル度：高いが多少のダウンタイムは許容
・ITセキュリティの専門知識：ITセキュリティ部門を有する
・関心事：社会的評価の失墜
・脅威：一般的な攻撃 + 標的型攻撃
セーフガード数 **130**

IG3
・データの機密性：非常に高い（機密情報・規則順守）
・サービスのクリティカル度：非常に高く、ダウンタイムは許容されない
・ITセキュリティの専門知識：高度知識を有するセキュリティ専門部門
・関心事：事業継続性、データの機密性と完全性、公共福祉への損害
・脅威：一般的な攻撃 + 標的型攻撃
セーフガード数 **153**

図表5-11　CIS Controlsにおける企業と防御策の分類

5-6-2 費用負担のリスクを最小限にするサイバー保険

　ランサムウエアに限らずサイバー攻撃による被害を減らすために、ここまで説明してきたような様々な対策を取ることは組織にとって大事になってきています。自組織の被害を減らすだけでなく、サプライチェーンへの影響など社会的な責任もあるため、さらにその重要性は増しています。

しかし、残念ながらサイバー犯罪者は多くの場合、技術的に優位に立っており、施した防御を乗り越えてきたり、防御側にミスがあったりする場合などもあり、セキュリティー対策に『絶対安全』はありません。少なからず被害が出てしまい、それに対応するのにコストが発生してしまっているのが実情です。

大きな被害が出ていなくても、インシデントの原因調査や被害調査、業務を止めることによる損失が発生する場合もあります。また、場合によっては訴訟問題につながる可能性もあります。ランサムウエア攻撃を含め、サイバー攻撃は受ける側にとってはインシデント（事件、事故）なのです。

例えば自動車で交通事故を起こしてしまった場合に備えて、多くのドライバーは任意保険に入っています。それと同様に、サイバー攻撃などのセキュリティーインシデントによる被害を受けた際に費用面の負担を抑える『サイバー保険』という保険があります。被保険者が業務を遂行するにあたりネットワークの管理や情報メディアの提供などによって生じた、偶然な事由によって起因する損害に対して、保険金を受け取れます。

補償対象となる事由は保険会社や保険商品によって異なりますが、一般的には次のようなものです（**図表5-12**）。

図表5-12　サイバー保険における補償対象の例

事由の種類	事由の例
情報漏えい（またはそのおそれ）	顧客情報を保管しているサーバーが不正アクセスを受け、クレジットカード情報等の顧客情報が漏えいした。
データの消失・破壊	自社の端末がウイルスに感染した状態で取引先へメールを送信したところ、取引先サーバーに保管されているデータが消去された。
管理するネットワークの使用不能	サイバー攻撃により自社のサーバーがダウンし、業務の継続が不可能となったため、取引先の業務も一部停止することになった。
著作権・人格権の侵害	システムインテグレーターが開発、提供したプログラムが、第三者作成のプログラムの著作権を侵害しているとして損害賠償請求を受けた。

事故発生時の費用負担がサイバー保険によって確保されていれば、事故の調査やリカバリー対応を躊躇なく迅速に開始することができ、被害の深刻化を防止することが期待できます。いつ発生するかわからないサイバー攻撃に備えて、被害に遭った際の調査費用や対応費用などをあらかじめ予算に組み込むというのは難しい場合が多いと思います。費用面での対策として、サイバー保険も検

討してみてください。なお、ランサムウエアの被害に遭ったときに、攻撃者に支払った身代金はサイバー保険の補償対象には入らない場合が多いので、補償対象に注意してください。

参考文献

1）サイバーセキュリティ経営ガイドライン，経済産業省と独立行政法人情報処理推進機構（IPA）
https://www.meti.go.jp/policy/netsecurity/downloadfiles/guide2.0.pdf

2）チョコっとプラスパスワード，独立行政法人情報処理推進機構（IPA）
https://www.ipa.go.jp/chocotto/pw.html

3）FalconNest用監査ポリシー設定参考資料,LAC
https://tools.lac.co.jp/docs/Windows%E3%82%A4%E3%83%99%E3%83%B3%E3%83%88%E3%83%AD%E3%82%B0_%E7%9B%A3%E6%9F%BB%E3%83%9D%E3%83%AA%E3%82%B7%E3%83%BC%E8%A8%AD%E5%AE%9A%E6%89%8B%E9%A0%86(FalconNest).pdf

4）Threat Landscape Advisory,LAC
https://www.lac.co.jp/solution_product/threatlandscape.html

5）Recorded Future
https://www.recordedfuture.com/ja

6）CSIRTガイド,JPCERT/CC
https://www.jpcert.or.jp/csirt_material/files/guide_ver1.0_20211130.pdf

7）コンピュータセキュリティインシデント対応チーム（CSIRT）のためのハンドブック,JPCERT/CC
https://www.jpcert.or.jp/research/2007/CSIRT_Handbook.pdf

8）サイバーセキュリティ体制構築・人材確保の手引き，経済産業省と独立行政法人情報処理推進機構（IPA）
https://www.meti.go.jp/policy/netsecurity/tebikihontai2.pdf

9）日本シーサート協議会
https://www.nca.gr.jp/

10）FIRST
https://www.first.org/

11）セキュリティ対策、どこまでやる？CIS Controls v8日本語訳をリリース,LAC
https://www.lac.co.jp/lacwatch/people/20211025_002766.html

12）CIS Controls v8,Center for Internet Security
https://learn.cisecurity.org/cis-controls-download

標的型ランサムウエアチェックリスト

No.	フェーズ	メイン カテゴリ	サブ カテゴリ	確認事項	優先度
1	事前準備	通信	環境	組織のネットワーク全体図、およびVPNなど外部から内部へアクセス可能な経路を定期的に確認・アップデートする。	最優先
2	事前準備	通信	環境	(PROXYが導入されている場合) 組織内からインターネットへ接続する通信は、全てPROXYサーバを経由し、通信ログが取得される設定になっており、且つPROXYを通過しない通信は許可しない設定になっている。	最優先
3	事前準備	通信	ログ	導入されているネットワーク機器 (Firewall、PROXY、DHCP、DNSなど) において、ログの取得設定・保管期間・保管方法について定期的に確認・アップデートする。	最優先
4	事前準備	通信	ログ	ネットワーク機器のログは、組織で別途定めた期間分が保管されている事を定期的に確認・アップデートする。	最優先
5	事前準備	通信	監視	ネットワーク機器 (Firewall、PROXY、DHCP、DNSなど) のログを監視する。	最優先
6	事前準備	AD	監視	Active Directoryに対する不正ログオンや、よく用いられる攻撃手法による侵害を受けていないかを監視する。 例) 不正なローカル、ドメイン アカウントの作成 例) 不正なローカル、ドメイン管理者グループの変更 例) 管理者権限を持つアカウントのパスワードリセット 例) DCshadow 例) DCSync 例) SIDHistory値の追加 例) グループポリシー(GPO) の作成・変更・リンク 例) AdminSDHolderのアクセス権を変更 例) ドメインルートのアクセス権を変更 例) アカウント設定の変更 (暗号化を戻せる状態でパスワードを保存する) 例) コンピュータの「委任」設定を変更	最優先
7	事前準備	アカウント	認証管理	ビルトインAdministratorや、管理者権限を持つアカウント、サービスアカウントは、それぞれ個別のパスワード文字列を設定し、共通のパスワードを利用しない。	最優先
8	事前準備	エンド ポイント	クライアント /サーバ	侵害された機器を速やかに隔離、保全 (例：ディスクイメージの取得) する手順を定め、定期的に確認・アップデートする。	最優先

目的	備考
(1) インシデント発生時、攻撃者の侵入経路 (入口・出口) となり得る外部との接点を把握する。 (2) 管理されていない、または抜け道になる経路が攻撃者により悪用されるリスクを低減する。	
(1) PROXYを経由せず通信可能な経路がある場合、攻撃者がその経路を悪用して不正通信先 (例 C2：Command and Control) への通信を確立する可能性がある。 (2) PROXYログを調査することで、不正通信先へ通信を発生させている機器 (例：マルウェアが設置された機器) を特定する事が可能になる。	Firewall や PROXY を経由せずにアクセス可能な経路 (例：Azure や Microsoft 365(Office 365) へ の ExpressRouteなど) を攻撃者が悪用するケースがあります。
被害拡大防止、被害範囲の確認、痕跡において、各種ネットワーク機器の検知・検索機能やログ等を活用する。	ログ内に必要なデータ項目が含まれているか、出力されるカラム (データ) の意味について把握しておく必要があります。
(1) ログが長期保管されていることで、インシデント発覚時期から遡って、侵害原因や被害範囲の調査が可能となる。 (2) ログのローテーション等により上書きされ、侵害原因や被害範囲の調査が困難になることを回避する。	(1) 半年〜1年間程度、最低でも3ヶ月間程度は調査上必要となるログが保管出来ていることが望ましいと言えます。 (2) インシデント発生時、すぐに過去ログを検索する事が可能かについても把握しておく必要があります。
既知の不正通信先へ通信を試みている機器が無いかを確認する。	既知の不正通信先はブラックリストへ登録し、ブロックした通信はログから機器を特定できるようにしておく必要があります。
(1) 攻撃者による Active Directory オブジェクトの改ざんを検出する。 (2) 攻撃者によるアカウントの不正利用を検出する。	(1) 攻撃者が侵害範囲を拡大する上で、Active Directory 環境は標的となりやすく、且つ侵害された場合は組織内に多大な影響を及ぼす場合があります。定期的に監視することで、侵害を早期発見できる可能性があります。 (2) Azure Advanced Threat Protection (ATP) を利用し監視する方法もあります。 参考URL ▶ https://docs.microsoft.com/ja-jp/azure-advanced-threat-protection/what-is-atp
(1) 共通パスワードを利用した、攻撃者の横展開 (Lateral Movement) を防ぐ。 (2) サービスアカウントのパスワードを利用した認証情報の解析 (Kerberoast) を防ぐ。	(1) ローカル管理者のパスワードを管理する為の仕組みとして、LAPS(Local Administrator Password Solution) がマイクロソフトから提供されています。 参考URL ▶ https://msrc-blog.microsoft.com/2020/08/26/20200827_laps/ https://msrc-blog.microsoft.com/2015/05/14/local-administrator-password-solution-laps/ (2) サービスで利用するアカウントのパスワード管理を、Active Directory 側で自動的に行う仕組みとしてMSA と gMSAが提供されています。 参考URL ▶ Managed Service Accounts https://docs.microsoft.com/en-us/previous-versions/windows/it-pro/windows-server-2008-R2-and-2008/ff641731(v=ws.10) 参考URL ▶ グループの管理されたサービス アカウントの概要 https://technet.microsoft.com/ja-jp/library/jj128431.aspx
(1) 侵害された機器を隔離する事で、被害拡大を防止する (2) 揮発性情報を含めたデジタルデータを保全する (デジタル・フォレンジック調査用)	(1) 電源をON状態にしたまま隔離を続けた場合、削除データの上書き、ログのローテーションなどが発生する可能性があります。この為、特に削除データの復元が必要になるようなケースにおいては、隔離した機器の迅速な保全が必要となります。 (2) EDR製品が導入されている場合は、保全の必要性があるか、保全が必要な場合はその手順について確認しておきます。

No.	フェーズ	メイン カテゴリ	サブ カテゴリ	確認事項	優先度
9	事前準備	エンド ポイント	ログ	導入されているセキュリティ製品（ウイルス対策ソフト、資産管理ソフトなど）のログの取得設定・保管期間・保管方法について定期的に確認・アップデートする。	最優先
10	事前準備	エンド ポイント	クライアント /サーバ	自社導入済みのウイルス対策ソフトでは検知しないマルウェアの検体を、当該ソフトベンダに提供しパターンファイルの作成を依頼→最新のパターンファイルへアップデート→組織内機器全台スキャンしてマルウェア感染している機器の洗い出しを実施、と言うサイクルを回すことができる。	最優先
11	事前準備	エンド ポイント	ログ	影響範囲や侵害状況の確認に必要なイベントログが取得できており、且つ被害機器から収集できる。 例：認証成功・失敗のログ（Security イベントログ ID：4624、4625） 　　重要ファイルサーバのファイル操作ログ（オブジェクトアクセス監査のイベントログなど） 　　PowerShell や CMD で実行されたコマンド（PowerShell スクリプトブロック、プロセス作成監査など） 　　ラック提供の無償ツール「FalconNest」の LI（Live Investigator：侵害判定サービス）でチェックし、推奨設定のイベントログが取得されているか確認 （取得・収集方法は、EDR、Alog、SCCM など。但し、EDR などログを自動的に取得・記録する製品においては、ホストの種別によって取得されないログもあるため、推奨ログが全て取得できているか要確認。（例：AD サーバでは認証成功ログが取得されないなど））	最優先
12	事前準備	エンド ポイント	ログ	Windows イベントログ（特に Security イベントログ）は長期間保管される設定になっている。 （※約半年～1 年間程度、最低でも 3 ヶ月間程度保管出来ていることが望ましい）	最優先
13	事前準備	エンド ポイント	ログ	セキュリティ製品のログは長期間保管される設定になっている。 （※約半年～1 年間程度、最低でも 3 ヶ月間程度保管出来ていることが望ましい）	最優先
14	事前準備	エンド ポイント	ログ	侵害された Windows 端末から、迅速にトリアージ用のデータ・ログを取得する手順が定まっている。 （FalconNest の活用含む。EDR でも代替可）	最優先
15	事前準備	エンド ポイント	ログ	侵害された Linux や Mac OS などの端末から、迅速にトリアージ用のデータ・ログを取得する手順が定まっている。	最優先
16	事前準備	エンド ポイント	監視	EDR 未導入の場合、導入・監視（アラート検知時の対応含む）の実現に向けて検討・着手している。 または既に検討・着手済の場合、導入完了までの目途・期限を定めている。	最優先
17	事前準備	エンド ポイント	脆弱性	OS の最新のセキュリティパッチを適用している（特に MS17-010（SMB v1.0 の脆弱性によるリモートからのコード実行）、MS14-068（Kerberos 認証の脆弱性による権限昇格）、Zerologon（CVE-2020-1472）に対するアップデートなど）。	最優先
18	事前準備	エンド ポイント	脆弱性	ウイルス対策ソフトなどの管理サーバの脆弱性（例：CVE-2019-9489）に対し、最新のセキュリティパッチを適用している。	最優先
19	事前準備	クラウド	ログ	Microsoft 365(Office 365) などの SaaS、クラウド型グループウェアにおいて、監査ログ取得設定が「有効」になっており、かつ侵害されたアカウント名などに基づき、監査ログを検索、および検索結果をエクスポートする手段が把握できている。 ※Microsoft 365(Office 365) の場合、1 回の監査ログ検索の結果は、最大 50,000 エントリが上限です。50,000 を超える場合は、より短い日付範囲で複数条件の検索を要する場合があります。	最優先

目的	備考
インシデント発生時、被害範囲の確認、根絶・復旧を行うため、セキュリティ製品の検索機能やログ等を利用する	ログ内に必要なデータ項目が含まれているか、出力されるカラム（データ）の意味について把握しておく必要があります。
(1) 未知のマルウェアを検知可能にし、全台スキャンすることで感染機器を洗い出し、隔離・保全する必要があるため (2) 新たな被害機器を調査し、IoCやTTPsを収集する必要があるため	
被害機器に関連したログから、攻撃者のTTPs把握、侵入経路や侵害の影響範囲を確認するため	・特にADなどのサーバ機器はログ量が大量になるため、バックアップをどのように残すかが課題になりやすい傾向があります。 参考URL▶無料調査ツール「FalconNest」 https://www.lac.co.jp/service/securitysolution/falconnest.html ・オブジェクトアクセスなどは資産管理のログで代替できる可能性もあるので、無駄にログを増加させないためにも何のログを取得すべきかは各組織によって精査が必要です。
(1) ログが長期保管されていることで、インシデント発覚時期から遡って調査可能になり、原因や影響範囲の究明に資するため (2) インシデント発覚以降のログが上書きされ、侵害状況が追跡不可になることを回避するため	・特にADは数時間程度のログしかローカルには残っていないケースが多いという傾向があります。
(1) ログが長期保管されていることで、インシデント発覚時期から遡って調査可能になり、原因や影響範囲の究明に資するため (2) インシデント発覚以降のログが上書きされ、侵害状況が追跡不可になることを回避するため	
必要最低限のログを収集し、迅速に侵害状況や影響範囲について確認するため	参考URL▶無料調査ツール「FalconNest」 https://www.lac.co.jp/service/securitysolution/falconnest.html
必要最低限のログを収集し、迅速に侵害状況や影響範囲について確認するため	・Linuxの場合：var/log配下、.bash_history、auditログなど ・Macの場合：/private/var/log/配下、.bash_history、auditログなど
(1) パターンマッチング等の従来型脅威対策では検出できない攻撃を検出可能とするため (2) 攻撃者による再侵入・再侵害されることを前提とし、侵害された場合も早期検知・対応に繋げられる対策強化が必要なため (3) EDR導入完了までの期間が長期化する場合は、別途対策を講じる必要性があるため	
特に攻撃者がよく利用する脆弱性に対しパッチを適用することで、侵害手段を削減させるため ※パッチ適用が困難な場合は、SMBv1.0の無効化など出来得る限りリスク低減	
特に攻撃者がよく利用する脆弱性に対しパッチを適用することで、侵害手段を削減させるため	
侵害されたアカウントを攻撃者が悪用し、クラウド上のリソースに対して不正操作を行った痕跡がないか確認するため（例：クラウドサービスへの不正サインイン（通常発生し得ない海外IPからのログオンなど）、クラウド上リソースへのアクセス、クラウド環境（設定）の変更有無（意図しないメール転送設定の追加など））	参考URL▶ https://docs.microsoft.com/ja-jp/microsoft-365/compliance/search-the-audit-log-in-security-and-compliance?view=o365-worldwide https://docs.microsoft.com/ja-jp/microsoft-365/compliance/auditing-troubleshooting-scenarios?view=o365-worldwide

No.	フェーズ	メイン カテゴリ	サブ カテゴリ	確認事項	優先度
20	事前準備	クラウド	認証管理	組織内で利用している各種クラウドサービスはインターネットから直接ログインできない設定になっている（例：MDMによるデバイス管理など）。または2要素認証を導入している。	最優先
21	事前準備	EDR	クライアント/サーバ	組織が管理しているすべてのクライアントとサーバにEDRを導入している（EDRがサポートしていないOSは除く）。 ※メーカーでもサポート対象外となっている古いOSの場合は、脆弱性排除のためリプレースする必要があります	最優先
22	事前準備	EDR	ログ	事案発生後の影響調査などにおいて、導入済みのEDRでカバーできない範囲を把握し、対策を講じている。 例）認証ログやファイル操作ログなど事象追跡に十分なログが取得されているか確認し、取得されていない場合は、別途ログを長期間取得・SIEMなどで保存するよう設定している。 ※特にログ保管許容量を逼迫させるほど多量に出力されるログは取得されない可能性が高い ※製品によってはレジストリのキーのみ記録し値は分からない、ログオンイベントは分からないなど、記録内容が不十分な場合があるため、資産管理ツールなどでWindowsイベントログやレジストリの値を一括確認可能な手段が別途必要になる場合があります。 例）導入済みのEDRで情報漏えいに関する影響調査を行うことが困難なため、別途資産管理ツール（ファイル操作ログの取得など）や、CASB導入など多層的に対策を講じている。	最優先
23	事前準備	EDR	ログ	EDRのログは、アラート発生時以外の平時でも取得できる仕様となっている。	最優先
24	事前準備	EDR	体制	EDR導入後の運用方法や、アラート検知時の対応フローが確立できている。 （例） ・EDRによる監視強化を行っている └アラート発生を認知し、内容を分析・理解することが可能か └収集したIoC&TTPsを基に全EDR導入機器に対し同様の痕跡がないか検索し調査することが可能か └外部ベンダへマネージドEDRを委託するなど ・被害機器が確認された場合、速やかに遠隔（論理）隔離して排除できる体制が整っているか ・被害機器の実データを遠隔から採取可能か（機器隔離後の機器から、または削除済みのファイルの場合は取得不可など） ・アラート分析〜報告までの期間・報告内容（対応策まで含められているか）、担当者など	最優先
25	事前準備	EDR	監視	EDRで検知しない挙動が確認された場合、カスタムアラートルールなどを作成し検知・監視可能な状態にできるよう、機能や手順を把握している。	最優先
26	事前準備	通信	脆弱性	VPN装置（例：FortiGate, Pulse Secure, NetScalerなど）の脆弱性に対し、最新のセキュリティパッチを適用している。	最優先
27	事前準備	AD	ログ	ADオブジェクトの変更に対して監査ログを取得するように設定している。	高
28	事前準備	アカウント	認証管理	ドメイン管理者アカウントや、共通パスワードを利用しているローカル管理者アカウント、外部ベンダなどに貸与している高権限またはリモートアクセス可能なアカウント一覧を把握できている。	高
29	事前準備	エンドポイント	ログ	攻撃者が被害機器上で行った侵害行為を追跡するために有益なイベントログのうち、デフォルトでは有効になっていないイベントログも取得するよう設定している（※EDRで代替可能な場合もあり）。 （例：タスクスケジューラ、プロセス作成の監査など）	高
30	事前準備	組織	重要資産	機密情報保存または事業継続に大きな影響を与えるシステム（ファイルサーバなど）、認証・機密情報を保管しているシステム（ADなど）、ドメイン管理者権限をもつサービスアカウントを使用して稼働させているシステム（MS-SQLなど）の、組織内で優先的に保護すべき資産を把握できている。	高

目的	備考
攻撃者にアカウント窃取されたことを想定し、外部からの不正サインイン発生リスクを低減するため	
(1) インシデント発生時に侵害状況や影響範囲を漏れなく正確に把握するため (2) 攻撃者は EDR 監視対象外の機器を起点に不正行為を行い、侵害範囲を拡大する傾向が高く、組織が管理する全ての機器に EDR を導入することが推奨されるため	
EDR でカバー出来る範囲を把握し、範囲外（EDR で解消できない課題）に対して対策を講じておくことで、事案発生後に余分なコストの発生やインシデントレスポンス全体の遅延に繋がるリスクを低減するため	・重要情報を扱うファイルサーバではログ量が大量になることから、製品未導入、またはログ取得されないケースが多いため、アクセス制御などを検討する必要もあります。
平時のログを把握しておくことで、平時と異なる異常なログを的確に見分け、判断可能なよう準備しておく必要があるため。	
(1) アラート検知を見逃すことなく正確に内容を判断し、侵害が確認された場合は被害範囲拡大を防止する必要があるため (2) 侵害が確認された場合は、EDR を活用し、組織内の全機器から被害機器の特定、IoC & TTPs の収集、アラート分析による侵害の影響や状況確認、収集した IoC & TTPs に基づく被害機器の隔離・根絶、エンドポイントの監視強化を図る必要があるため	・組織内で EDR を運用・監視している場合、隔離、被害状況の確認手順が整ってない場合があります。
同様の挙動が確認された機器を自動的に検知・監視可能にし、迅速に被害拡大防止に繋げる必要があるため	・EDR 選定時に、カスタムルールとして設定可能な項目・粒度などを確認しておくことが望ましいと言えます。
特に攻撃者がよく利用する脆弱性に対しパッチを適用することで、組織内に侵入するための手段を削減させるため	
(1) 攻撃手口として、AD オブジェクトの値を変更し権限昇格する場合や、GPO オブジェクトを悪用する方法などがあることから、攻撃者による AD オブジェクトの変更が無いかを確認するため。 (2) 変更箇所の特定・復旧を行う為には事前に監査設定が必要となるため	・デフォルトでは取得無効のため、ログ取得できていない可能性があります。
高権限やリモートアクセス可能なアカウントは攻撃者に悪用されやすく、迅速にアカウント利用状況の把握・監視強化、およびパスワードリセットなどが必要になるため	
侵害状況や影響範囲を調査する際に、有効活用可能なログを取得しておく必要があるため	
被害範囲最小化のためのネットワーク遮断（社内 LAN 含むアクセス制御）可否、調査対象とする範囲の優先度付けを行う必要があるため	

No.	フェーズ	メイン カテゴリ	サブ カテゴリ	確認事項	優先度
31	事前準備	組織	体制	インシデント対応内容や担当者などを時系列に記録するフォーマット、および一元的にこれら情報を管理・連携する部署・部門を定めている。	高
32	事前準備	組織	体制	上層部へインシデントのエスカレーションを行い、陣頭指揮がとられる体制を整えられている。	高
33	事前準備	EDR	環境	EDRでアラートを検知した際、不審プロセスを自動的に停止する設定が可能。また可能な場合、設定を有効化している。	高
34	事前準備	EDR	体制	EDRによる調査のみではなく、ディスクフォレンジック調査を必要とする機器の選定基準は定まっている。 （例：機密情報を扱うファイルサーバ、初期侵害が疑われる機器などは削除ファイルの復元含めて調査が必要、EDRログ保管期間外の調査が必要、EDR未導入など） また、ディスクフォレンジック調査が必要な場合、速やかに機器隔離・ディスクイメージを取得する手順が定まっている。	高
35	事前準備	EDR	ログ	アラートログのみではなく、アラート前後の挙動など事象把握の調査に必要な期間の詳細ログが保存されている。 また、全体的にEDRのログ保管期間は短い傾向にあるため、重要機器の認証ログや操作ログなど、長期間のログ追跡を要する可能性がある場合は、別途SIEMなどでログの長期保存・管理を行っている。	高
36	事前準備	通信	ログ	Firewallのログなど、Deny（拒否）・Allow（許可）どちらも取得する設定になっている。	中
37	事前準備	通信	設定変更	ルーターやFirewallなど、ネットワーク機器の設定変更についてログ取得・監視している、または設定情報のバックアップ取得や作業記録をつけている。	中
38	事前準備	組織	体制	インシデント対応者（特に管理者権限を持つユーザ）にクリーンなPCを配布し、そのPCでインシデント対応を行えるよう準備ができている。	中
39	事前準備	組織	体制	監督官庁への報告・警察への相談・顧客（ステークホルダー）への連絡、それに伴う広報・法務部門など社内連携について手順が整理されている。	中
40	事前準備	組織	体制	JPCERT/CC等の外部機関との情報共有（不正通信先IPアドレスや攻撃手口）の対外連携について手順が整理されている。	中
41	事前準備	エンドポイント	クライアント/サーバ	Windowsイベントログはローカルのみではなく、Syslogサーバなどの別環境へ転送・保存している。 （※EDRで代替可能な場合もあり）	中
42	事前準備	エンドポイント	クライアント/サーバ	ウイルス対策ソフトの検知設定を「駆除」ではなく、「隔離」の状態に設定している。	中
43	事前準備	エンドポイント	クライアント/サーバ	GPOなど、社内のセキュリティポリシー設定変更についてログ取得・監視している、または作業記録をつけている。	中
44	事前準備	エンドポイント	クライアント/サーバ	被害機器（特に管理者権限でログオンされた機器）は、継続利用ではなく初期化可能、または初期化困難な場合は、インターネット接続遮断・接続元制限・ログオン履歴の監視を行うことができる。	中
45	事前準備	エンドポイント	サーバ	特に重要情報を保管するサーバ機器において、接続元制限（IPまたはセグメントによるアクセス制限、またはジャンプサーバの設置など）が実施できている。	中

目的	備考
(1) インシデント対応内容に不足や漏れがないか確認するために情報の一元化が必要なため (2) 監督官庁への報告・対外発表時に、これまでの対応内容について情報開示することを求められる可能性があるため	・大企業であるほど、他部門との調整・お伺い事項が多く、連携がスムーズにいかない可能性があります。
通信遮断や対外連携など組織の事業継続に係る、または他部署に多大な影響を及ぼす判断を下すうえで、経営層の参画が必要不可欠になるため	
設定不可、または設定が無効になっている場合、アラート検知していても人間が確認するまで侵害が継続する可能性があるため	・導入するEDRを選定する際は、該当する機能があるか否かも考慮します。 ・設定不可の場合は、アラート検知メールを複数の担当者に送信するなど、迅速にアラートに気づける仕組みを導入しておく必要があります。
(1) ディスクフォレンジック調査の要否基準を予め定めておくことで、対応にブレを生じさせない、且つ迅速な保全対応に繋がるため (2) 被害機器に対し、今後の調査に必要なデータが上書きされないよう保全する必要があるため	
・アラート発生時に、アラート前後のログが消失して調査不可となるリスクを低減するため ・EDR製品のログ保管期間や内容を把握し、長期間のログ追跡など要する機器がある場合は、ログ保管に関し別途対策を講じる必要があるため	
不正通信遮断前 (Allow) 後 (Deny)、両方のログから不正通信へ接続を試みる機器を洗い出す必要があるため	
攻撃者により、C2サーバへの通信確立や異なるN/Wセグメントへの侵害範囲拡大のため、設定を改変されるリスクに対し、早期発見・対応できるようにするため	
侵害されている可能性のあるPCでインシデント対応措置を行っても、その対応内容やリセット後のアカウント情報などが攻撃者に盗み見られるまたは再窃取される可能性があるため	
外部公表が後手に回ると状況が悪化する場合もあり、詳細は調査中とした上で、公表自体は早めに行えるよう準備を整える必要があるため	・サイバー保険に加入されている場合は、あわせて保険会社にも連携が必要 ・メールアカウントが侵害されている場合は過去のメール送信者への通知も必要
外部機関に支援要請を実施することで、自組織内では把握できていない情報を収集できる可能性があるため	
攻撃者により、ローカルのイベントログが削除される可能性があり、その後の被害状況調査に影響を及ぼすため	
下記理由からウイルスを駆除 (削除) するのではなく、隔離する必要性があるため └検体解析を実施し、マルウェアの機能や不正通信先の特定を行う └検体の作成・更新日時など、タイムスタンプを維持し事象発生のタイミングを把握するため	
攻撃者により、GPOが改変されることで、社内のセキュリティポリシー弱体化、アカウント情報窃取などが試みられるリスクに対し、早期発見・対応できるようにするため	
未知のマルウェア、攻撃手法により、攻撃者に再侵入されるリスクを低減するため	
(1) 接続元を制限することにより、攻撃者の侵入口を削減するため (2) ジャンプサーバを設置することにより、攻撃者の侵入口を削減し、且つ経路が一元化されることでログ監視の煩雑さを軽減するため	

No.	フェーズ	メインカテゴリ	サブカテゴリ	確認事項	優先度
46	事前準備	エンドポイント	サーバ	特に重要情報を保管するサーバにおいて、バックアップデータの取得、世代管理、復元までの手順が確立できている。また、機密情報保護のため、IRM (Information Rights Management) / DRM (Digital Rights Management) やDLP (Data Loss Prevention) を導入している。	中
47	事前準備	エンドポイント	サーバ	RDP接続を許可しているサーバ機器において、NLA (ネットワークレベル認証) を有効化している。	中
48	被害拡大防止	通信	出口対策	Firewall や PROXY で、既知の不正通信先 (C2サーバ) のIPアドレスまたはドメインを遮断している。	最優先
49	被害拡大防止	通信	出口対策	組織内からインターネットへ接続する通信に対し、ホワイトリストを利用した通信制限、または全遮断を実施できる。	最優先
50	被害拡大防止	通信	出口対策	Firewall や PROXY で、マルウェア等が利用する特徴的なUser-Agentを利用した通信を遮断できる。(該当する機能がある場合)	最優先
51	被害拡大防止	通信	入口対策	VPNなど外部から内部への接続を一時的に遮断できる。または外部から内部へアクセス可能な経路は接続元制限 (IPアドレス範囲、電子証明書による接続機器制御など) や2要素認証導入などの対策を実施している。	最優先
52	被害拡大防止	通信	入口対策	侵害された機器を利用していたアカウントおよび攻撃者が不正利用していたアカウントに対しVPNなどの利用制限を行い、不正アクセス有無をログから確認している。※不正アクセスが確認された場合は、VPN接続後に攻撃者がアクセスした機器をIPアドレスなどから特定し、特定された機器を隔離・保全します。	最優先
53	被害拡大防止	AD	リセット/無効化	AD管理者アカウント・KRBTGTアカウント・DSRMアカウントなど、高い権限を有するアカウントのパスワードをリセットし、コンピュータアカウントのパスワード変更周期を最短 (1日) に設定できている。	最優先

目的	備考
(1) 攻撃者により重要な機密情報 (データ等) が改ざんされたり、攻撃者が証拠隠滅を図ろうとしてランサムウェアによる暗号化が行われた場合に、迅速に復旧する必要があるため (2) 組織外に機密情報が流出するリスクを低減し、万が一流出した場合においても、データ保護により第三者に閲覧・利用されるリスクを低減するため	参考URL ▶ Microsoft の microsoft Information Protection (365) https://docs.microsoft.com/ja-jp/microsoft-365/compliance/information-protection?view=o365-worldwide
(1) 無効化されている場合、ログオン画面に表示されるユーザー補助機能悪用によりシステム権限でログオンされるリスクがあるため (2) 一部RDP関連のイベントログに欠損が生じるため	参考URL ▶ https://docs.microsoft.com/en-us/previous-versions/windows/it-pro/windows-server-2008-R2-and-2008/cc732713(v=ws.11)?redirectedfrom=MSDN
マルウェア (RAT) とC2サーバとの通信を遮断し、攻撃者が社内に侵入するリスクを低減するため	・セキュリティベンダや警察・JPCERT/CC などから提供されたブラックリストを利用できる場合があります。 ・マルウェア検体を解析する場合、通信先 (IP・ドメイン) 以外に、システム管理者が把握していないPROXYをマルウェア (RAT) が利用していないかを確認します。 ・マルウェア (RAT) がDNSトンネリングを利用している場合、FireWall やPROXYではDNSトンネリングの通信を遮断できません。組織内部のDNSサーバにて該当名前解決でループバックアドレスなどを返すように設定する必要があります。
ホワイトリストを利用し業務上必要な通信のみ許可してその他の通信を遮断する、または一定期間インターネットとの通信を全遮断することで、マルウェア (RAT) とC2サーバとの通信を断ち、被害拡大を防止するため	・事前にホワイトリストの準備が出来ていない場合、適用が困難となります。ホワイトリスト方式が困難な場合は、特定された不正通信を遮断するブラックリスト方式を選択することになりますが、未知の不正通信を遮断できないリスクがあります。 ・重要情報を管理しているセグメントなど、適用可能な範囲についても確認します。 ・ホワイトリスト、全遮断を解除する条件を設定する必要があります。
(1) マルウェアによっては、特徴的な User-Agent や証明書を利用する場合があり、この通信を遮断することで、被害拡大防止と、被害範囲確認 (同じ User-Agent を使用して通信している他機器の炙り出し) を行うため (2) 遮断する機能が無い場合でも、ログに記録される場合はログから確認し、マルウェア (RAT) による通信である場合は、通信元を隔離・確認するため	・一般的な User-Agent や、業務上必要な通信で利用されている User-Agent の場合は、制限することが困難となります。 ・マルウェア検体を解析する場合、通信先 (IP・ドメイン) 以外に、特徴として利用できる User-Agent や証明書などが無いかを確認します。
(1) VPN、海外拠点または子会社からのリモート接続、RDP (リモートデスクトップ)、TeamViewer など、攻撃者の侵入経路となり得る接続点を出来る限り閉塞し、被害拡大を防止するため (2) 攻撃者が窃取したアカウント情報を利用し、内部へ侵入するリスクを低減するため	・2要素認証導入は契約しているライセンス状況に依存し導入困難な場合があります。 ・接続元機器をホスト名、特定のファイル、レジストリ値、MACアドレスなど複数の要素でチェックする仕組みがあればそれを有効活用することも検討します。
(1) 不正利用されているアカウントが判明している場合は、認証情報を変更し攻撃者の利用を防ぐため (2) アカウント利用者の記憶に無い、VPN接続履歴が無いかをログから確認するため	
(1) 攻撃者による不正アカウント作成または正規アカウント悪用を防止するため (2) 攻撃者が用いる手法「Golden Ticket」や「Silver Ticket」対策を実施し、被害範囲最小化を図るため	・パスワードリセットが推奨されるアカウント一覧 参考URL ▶ Eviction Guidance for Networks Affected by the SolarWinds and Active Directory/M365 Compromise https://us-cert.cisa.gov/ncas/analysis-reports/ar21-134a ・FalconNestを利用し、自動起動プログラムの確認、特権を持つアカウントのネットワークログオンを確認することを推奨 参考URL ▶ 無料調査ツール「FalconNest」 https://www.lac.co.jp/service/securitysolution/falconnest.html

No.	フェーズ	メインカテゴリ	サブカテゴリ	確認事項	優先度
54	被害拡大防止	AD	不正利用防止	Enterprise Admins や Domain Admins など、高い権限を持つ管理者グループに、許可を与えるべきでないユーザーや、コンピュータアカウントなど本来登録されるはずが無い不適切なアカウントが無いことを確認している。 ※不適切なアカウントがある場合、まずは「無効」にします。「削除」する場合は、事前にレプリケーションメタデータ含む保全を行うことが望ましいと言えます。	最優先
55	被害拡大防止	AD	不正利用防止	被害機器から AD に対して、高い権限を持つ管理者グループ（Enterprise Admins や Domain Admins など）に所属するアカウントによる不正ログオンが発生していないか確認している。 ※意図しないログオン元機器がある場合、攻撃者に侵害された可能性を考慮し、機器を隔離・保全します。	最優先
56	被害拡大防止	AD	不正利用防止	AD のレプリケーションメタデータを取得し、事案発生期間中に侵害されたアカウントにより AD オブジェクトの変更が行われていないことを確認している。 ※意図しない変更がある場合は、通常の設定に戻します。設定を戻す前にレプリケーションメタデータ含む保全を実施することが望ましいと言えます。	最優先
57	被害拡大防止	アカウント	リセット/無効化	ビルトイン Administrator、またはキッティングアカウントなどで「共通パスワード」を利用しているローカル管理者アカウントが存在する場合、パスワードリセットまたは無効化を実施できている。	最優先
58	被害拡大防止	アカウント	リセット/無効化	侵害が確認されているアカウント（一般ユーザ含む）のパスワードリセットまたはアカウントの無効化を実施できている。	最優先
59	被害拡大防止	クラウド	不正利用防止	攻撃者が窃取した認証情報を不正利用しても、2要素認証など導入することで、クラウド上のリソースへはサインインやアクセスができない事を確認している。 M365 を利用している場合は、有効なセッショントークンを全て強制リセットしている。 ※2要素認証など導入不可の場合、窃取された認証情報（窃取の可能性含む）全てを強固なパスワードに変更する、機密情報を扱う部署の利用を一時停止するなどの対応を検討する必要があります。	最優先
60	被害拡大防止	EDR	クライアント/サーバ	EDR でアラート検知された機器がある場合、該当機器をネットワーク隔離している。また、マルウェアなど不審ファイルが存在する場合、EDR の機能を利用してファイル取得・隔離している。 ※フォレンジック調査実施を検討している機器の場合は、ファイル取得前に保全を行う必要があります。	最優先
61	被害拡大防止	通信	不正利用防止	攻撃者が VPN 経由で内部へ侵入していた場合、VPN の接続ログから攻撃者が侵入していた時間帯を把握し、該当時間帯に（VPN を経由して）攻撃者がログオンした機器が無いか調査している。 ※不正ログオンされた機器がある場合は隔離・保全します。	高

目的	備考
攻撃者が不正利用するアカウントの権限昇格を目的として、高い権限を持つ管理者グループを変更する場合があるため（攻撃者が新規作成したアカウントの追加、既存の一般ユーザアカウントを管理者グループに追加するなど）	参考URL ▶組み込みの特権アカウントとグループ https://docs.microsoft.com/ja-jp/windows-server/identity/ad-ds/plan/security-best-practices/appendix-b--privileged-accounts-and-groups-in-active-directory#built-in-privileged-accounts-and-groups 参考URL ▶ ADTimeline（レプリケーションメタデータの取得、タイムライン作成ツール）https://github.com/ANSSI-FR/ADTimeline
攻撃者がドメイン管理者（例：example\Administrator）など、高い権限を持つユーザーの認証情報を窃取し不正利用する場合があることから、ADのログオン成功イベント（Security：ID 4624）において、該当アカウントを利用したログオン元機器に、意図しない機器（通常管理者アカウントを利用しない一般ユーザの機器など）から接続されていないか確認するため	・ADのログオン成功イベントを取得していない、または取得していても数時間でログが上書きされ、確認できない場合があります。 ・各ドメインコントローラのイベントログ（セキュリティ）で、イベントID 4624に対して侵害された機器のネットワークアドレスが無いかを検索します。該当するイベントがある場合、ログオンIDを利用しID 4672で特権（例：SeDebugPrivilege）が付与されているかを確認します。
攻撃手口として、ADオブジェクトの値を変更し権限昇格する場合や、GPOオブジェクトを悪用する方法などがあることから、攻撃者によるADオブジェクトの変更が無いかを確認し、不正利用を防止するため	参考URL ▶ ADTimeline（レプリケーションメタデータの取得、タイムライン作成ツール）https://github.com/ANSSI-FR/ADTimeline
攻撃者がローカルAdministratorアカウント、キッティングアカウントなどを利用し横展開（Lateral movement）を行っている場合、該当アカウントの無効化またはパスワードが個別になるよう変更し、横展開を防ぐ必要があるため	・社内全体にソフトウェアなどを一括配信する際に利用しているケースがあり、容易に変更できない場合があります。 ・共通パスワードが設定されている高権限アカウントは、攻撃者に悪用されやすく侵害拡大のリスクが高まります。 ・共通パスワードを利用しているローカル管理者アカウントがある場合、Microsoftが提供するLocal Administrator Password Solution (LAPS) を利用しパスワードを管理する方法もあります。 参考URL ▶ https://msrc-blog.microsoft.com/2020/08/26/20200827_laps/ https://msrc-blog.microsoft.com/2015/05/14/local-administrator-password-solution-laps/
攻撃者が窃取したアカウントを不正利用することで、侵害拡大や機密情報の窃取などを行うことを防ぐため	・一般ユーザアカウントにローカル管理者権限が付与されている場合は、一般ユーザ権限のみ付与し、認証情報窃取など攻撃活動を抑止することも検討します。
(1) 侵入に成功した攻撃者が、クライアントPCやドメインコントローラから認証情報を窃取し、且つSaaSなどクラウドサービスの認証情報と一または連携している場合、悪用されるリスクがあることから、2要素認証などを設定し、攻撃者が窃取した認証情報だけではサインインが成功しないようにするため (2) 攻撃者が窃取した認証情報を利用し、Microsoft 365（Office 365）などのクラウド上のリソースへアクセスする事で、情報漏洩や二次被害が発生しないようにするため	・Azure Active Directoryでユーザー アクセスを取り消す 参考URL ▶ https://docs.microsoft.com/ja-jp/azure/active-directory/enterprise-users/users-revoke-access ・Revoke-AzureADUserAllRefreshToken 参考URL ▶ https://docs.microsoft.com/ja-jp/powershell/module/azuread/revoke-azureaduserallrefreshtoken?view=azureadps-2.0
(1) アラート検知された機器を迅速にネットワーク隔離することで、ラテラルムーブメント（侵害拡大）を防止するため (2) ファイル取得機能を用いて、マルウェアを隔離し侵害継続の防止、または検体解析時など実ファイルの取得が必要になる場合があるため	・導入するEDRを選定する際は、該当する機能があるか否かも考慮します。
攻撃者がVPNを経由して接続（侵害した）機器を特定・隔離するため	・攻撃者がVPN接続している場合、社内のPROXYを経由して通信している可能性があります。PROXYログを確認し、攻撃者による通信が記録されていないかを確認します。

No.	フェーズ	メインカテゴリ	サブカテゴリ	確認事項	優先度
62	被害拡大防止	クラウド	不正利用防止	攻撃者が窃取した認証情報を不正利用し、各種クラウドサービス（グループウェアなど）の設定を変更していない事を確認している。 ※不正な設定変更がある場合は、通常の設定に戻します。設定内容（メール転送など）によっては情報漏えいに繋がるおそれもあるため、設定変更日時や操作ログなどから、影響があった期間やデータ（機密情報）について精査します。	高
63	被害拡大防止	エンドポイント	クライアント/サーバ	マルウェア（RAT）や攻撃者が利用している手口が、正規ツール（PowerShellなど）を利用している場合、当該正規ツールの実行を一時的に禁止している。	高
64	被害拡大防止	通信	設定変更	ルーターやFirewallなどのネットワーク機器の設定を、攻撃者が変更していないか確認している。 ※不正な設定変更がある場合は、通常の設定に戻します。設定内容によっては異なるネットワークセグメントにも影響範囲が及んでいる可能性があるため、設定変更日時から影響があった期間を把握し、調査対象範囲として含めることを検討します。ファームウェア/ソフトウェア改ざんの懸念がある場合は、ベンダーから公式に提供されているファームウェア/ソフトウェアのハッシュ値と比較するか、再度公式のファームウェア/ソフトウェアを適用することも検討します。	中
65	被害拡大防止	通信	不正利用防止	システム管理者が把握していない外部から内部に接続可能な経路（VPNなど）が存在しないか確認し、存在していた場合は当該経路を攻撃者利用した痕跡がないかログから確認している（例：不正利用されたアカウントによる接続、海外など意図しない接続元IPアドレスからの接続、業務時間外の接続など）。 ※痕跡有無に関わらずシステム管理者が把握していない経路は即時遮断することが望ましいと言えます。	中
66	被害範囲特定	通信	ログ	組織内で、不正通信先と通信していた機器が他に無いかを、Firewall、PROXYログから確認している。	最優先
67	被害範囲特定	アカウント	ログ	攻撃者が侵害したアカウントを利用し、ログオン成功している機器が他に無いかを、Windowsイベントログなどから確認できている。	最優先
68	被害範囲特定	エンドポイント	重要資産	被害機器で高い権限の認証情報、個人情報、営業秘密などの機密情報を扱っていたか把握できている。	最優先
69	被害範囲特定	エンドポイント	クライアント/サーバ	既知のIoCやTTPsの情報（不正通信先、マルウェアや不審ファイルのハッシュ値・ファイルパス、レジストリの値、イベントログに含まれる特定の文字列など）を基に、組織内の全機器をスキャンして同様の侵害痕跡がないか確認できている。 ※EDRを利用した侵害調査サービスを利用し、全機器の侵害状況を調査すると同時に、調査対象上で発生し得る不審挙動や攻撃者による侵害行為をリアルタイムで監視・検知可能な環境を整えられることが望ましい ※EDR導入に時間を要する場合は、Fast Forensicsで先行してIoC&TTPsを収集し、被害機器の特定に着手することも検討（ただしFast Forensicsの調査結果はEDRの調査結果と重複する（＝費用・工数・時間が重複してかかる）可能性に留意）	最優先
70	被害範囲特定	エンドポイント	クライアント/サーバ	被害アカウントを利用したサービスチケット発行要求の状況から、攻撃者がアクセスを試みたリソース（機器・サービス）を特定できている。	最優先
71	被害範囲特定	EDR	クライアント/サーバ	既知のIoCやTTPsの情報（不正通信先、マルウェアや不審ファイルのハッシュ値・ファイルパス、レジストリの値、イベントログに含まれる特定の文字列など）を基に、組織内の全機器をスキャンして同様の侵害痕跡がないか確認できている。	最優先

目的	備考
電子メールの転送先に攻撃者宛のアドレスを追加するなど、攻撃者によりクラウド環境の設定が不正に変更される場合があることから、意図しない設定変更が行われていないか確認するため	・M365を利用している場合は、CrowdStrike社の無償ツール「CrowdStrike Reporting Tool for Azure」を活用して確認することも検討します。 https://www.crowdstrike.com/blog/crowdstrike-launches-free-tool-to-identify-and-help-mitigate-risks-in-azure-active-directory/ ・Microsoft 365(Office 365)で攻撃者による侵害が発生した場合は、マイクロソフト社の資料を参照し推奨される対応ステップを実行します。 参考URL ▶ Office 365 Security Incident Response https://docs.microsoft.com/en-us/microsoft-365/security/office-365-security/office365-security-incident-response-overview?view=o365-worldwide
マルウェア（RAT）や攻撃者が利用している正規ツールの実行を禁止することで、攻撃手段を削減し被害拡大を防止するため	・インシデント対応主担当であるIT部門に実行禁止にする権限がなく断念するケースもあります。 ・マルウェア（RAT）の実行がブロックできた場合、C2サーバへの通信が発生しなくなる為、PROXYログなどから被害機器を確認する方法が取れなくなる可能性も考慮します。
攻撃者により、C2サーバへの通信確立や、異なるネットワークセグメントに侵入するため、設定を変更している可能性があるため	
社内の特定部門が独自に保有・管理しているネットワーク機器などが存在している場合、それら機器が攻撃者の侵入経路として悪用される可能性があることから、被害機器の接続元が管理外のネットワーク機器（VPNなど）でないか確認するため	
不正通信元の機器が攻撃者に侵害されたことを考慮し、隔離・保全と被害状況確認を行う必要があるため （特に通信失敗ではなく成功のログが記録されている場合は優先的に被害状況確認が必要）	
被害アカウントでログオン成功していた機器は、攻撃者により侵入された可能性があることから、該当機器を隔離・保全し、侵入・被害状況を確認する必要があるため	
機密情報を扱っている場合、情報漏えいの痕跡有無確認、または情報が漏れたことを前提に対応する必要があるため	
既知のIoC・TTPsを基に全機器をスキャンすることで、同様の痕跡をもつ被疑機器を洗い出し、攻撃者に侵害されたおそれのある機器を特定し、隔離・保全する必要があるため	・EDR導入に至るまで、決裁承認や検証などの社内手続きが発生し、導入まで早くて1ヶ月、遅いと数ヶ月単位でかかる場合があります。
攻撃者が標的・目的とするリソース、または侵害された可能性のある機器を特定し、隔離・保全する必要があるため	参考URL ▶ https://docs.microsoft.com/ja-jp/windows/security/threat-protection/auditing/event-4769
既知のIoC・TTPsを基に全機器をスキャンすることで、同様の痕跡をもつ被疑機器を洗い出し、攻撃者に侵害されたおそれのある機器を特定し、隔離・保全する必要があるため	

No.	フェーズ	メインカテゴリ	サブカテゴリ	確認事項	優先度
72	被害範囲特定	クラウド	不正利用防止	侵害が確認されているアカウントにより、クラウド上のファイルストレージ（OneDriveやSharePointなど）へのアクセス・ファイル操作状況、メール転送不正設定有無を確認できている。 ※社外からでも直接ログイン可能であれば最優先（MDMによるデバイス管理無しなど） ※不正な設定変更がある場合は、通常の設定に戻します。設定内容（メール転送やファイルストレージへのアクセスなど）によっては情報漏えいに繋がるおそれもあるため、設定変更日時や操作ログなどから、影響があった期間やデータ（機密情報）について精査します。 ※侵害の可能性がある場合は、有効なセッショントークンの強制リセットを行うことも検討します。 ※トークン発行に必要なSAMLトークン署名証明書などが窃取された可能性がある場合は、証明書の再発行を行うことも検討します。	高
73	根絶	通信	ログ	(1) これまでに特定された不正通信先（C2など）、特徴的なUser-Agentは全てブロックできている。 (2) 通信拒否のログを取得し、不正通信先へ通信を試みる機器を特定できる。 (3) (2)で特定された機器は速やかに隔離している。	最優先
74	根絶	アカウント	クライアント/サーバ	(1) これまでに特定された被害アカウントを利用し、不正ログオンされた機器を特定できている。 (2) (1)で特定された機器は速やかに隔離している。	最優先
75	根絶	アカウント	リセット/無効化	容易に推測可能なパスワードを設定不可とするポリシーに変更し、全アカウントのパスワードを再リセットしている。 （無効化している被害アカウントがある場合、業務上不要であれば削除、将来的に利用する可能性がある場合はパスワード再リセットの対象として含める）	高
76	根絶	エンドポイント	クライアント/サーバ	(1) これまでに特定された既知のIoC & TTPsと同様の痕跡をもつ機器を組織内の全領域から特定できている。 (2) (1)で特定された機器は速やかに隔離している。 (3) 隔離された機器は、利用継続せず初期化している。 (4) 初期化困難の場合は、接続元・外部への接続制限、アカウントリセット、セキュリティアップデート、ウイルス対策ソフト導入など、必要な対策を実施している。また、特定されたマルウェアなどファイルを削除できている（EDRや資産管理ツールなどの機能を利用して削除可能な場合もあります）	最優先
77	根絶	エンドポイント	監視	(1) AD、重要サーバ（ファイルサーバなど）、被害機器のうち隔離・初期化困難な機器を中心に、不審なログオンや挙動の発生を監視・迅速に検知できる。 (2) (1)で特定された被害に対し、事象の追跡、および被害拡大防止のための対応を迅速に行える。 例：意図しない接続元またはアカウントによるログオン成功（特に管理者権限を持つアカウント） これまでに収集したIoC&TTPsと同様の痕跡の確認 PowerShell, CMDで難読化または「bypass」「https:」などの文字列が含まれる不審コマンド実行 ※EDRで代替可能な場合あり	最優先

目的	備考
侵害されたアカウント・機器に留まらず、メール（不正な転送設定によるメール内容窃取）、機密情報漏えい（OneDriveやSharepointなどのファイル共有への不正アクセス）に対しても被害範囲が及んでいないか確認する必要があるため	■Microsoft 365(Office 365)のメール監査ログ 参考URL▶監査ログを検索して一般的なサポートの問題を調査する（メール転送設定など） https://docs.microsoft.com/ja-jp/microsoft-365/compliance/auditing-troubleshooting-scenarios?view=o365-worldwide 参考URL▶メールボックスの監査を管理する（2019年1月以降、既定で有効） https://docs.microsoft.com/ja-jp/microsoft-365/compliance/enable-mailbox-auditing?view=o365-worldwide 参考URL▶高度な監査を使用して、侵害されたアカウントを調査する（詳細なメール操作はE5ライセンス保有者のみ対象） https://docs.microsoft.com/ja-jp/microsoft-365/compliance/mailitemsaccessed-forensics-investigations?view=o365-worldwide#use-mailitemsaccessed-audit-records-for-forensic-investigations
不正通信を防止、および通信を試みる機器を根絶するため	
(1) 被害アカウントの根絶、および正常化を行うため (2) これまでの対応中に攻撃者に再侵害を受けたアカウントが含まれている可能性があることから、安全性を高めるためにも再リセット（全アカウントリセット）が推奨されるため (3) ADやエンドポイントの監視を強化したうえで再リセットまたは無効化を継続することで、不審な挙動（攻撃者のアカウント再窃取の試みなど）をするアカウントを迅速に検知可能にするため	
(1) 被害機器を根絶するため (2) 攻撃者による隔離や初期化が困難な機器への再侵入、および侵入後の再横展開のリスクを低減するため	・EDR製品によっては、指定ファイルの一括削除が不可で単体削除のみ可能な場合もあるため、EDR選定時に確認しておくことが望ましいと言えます。
被害機器が残存、または攻撃者に再侵入された場合でも、迅速に異変を検知し、被害範囲拡大防止のための対応措置を行う必要があるため	

No.	フェーズ	メイン カテゴリ	サブ カテゴリ	確認事項	優先度
78	根絶	クラウド	不正利用防止	(1) これまでに特定された被害アカウントのサインインパスワードリセットができている。 (2) これまでに特定された被害アカウントで各クラウドサービスの設定が不正変更されていないことを確認できている。 (3) これまでに特定された被害アカウントで各クラウドサービスのリソースが不正操作されていないことを確認できている。 (4) 接続元制限（社内LANからのみなど）、または2要素認証を導入している。 (5) サインイン履歴やファイル操作、メールデータアクセス、設定変更を追跡可能なログを取得している。	最優先
79	根絶	AD	設定変更	AD侵害が確認されている、またはドメイン管理者アカウントが窃取された場合、ADの再構築をすることができる。 （再構築が困難な場合は、メインカテゴリ「AD」＞サブカテゴリ「オブジェクト」を参照）	最優先
80	根絶	AD	オブジェクト	(1) 意図しないローカル管理者、およびドメイン管理者アカウントが登録されていないことを確認できている。 (2) (1) で不正アカウントを確認した場合、無効化または削除を実施できている。	最優先
81	根絶	AD	オブジェクト	※パスワード変更は安全が確認できている環境から実施してください。 (1) ドメイン管理者アカウント（サービスアカウント含む）のパスワードは全てリセット（または再作成）し、強固かつ一意のパスワードにしている。 (2) コンピュータアカウントのパスワード変更周期を最短（1日）にしている。 (3) KRBTGTアカウントのパスワードリセットを2回実施している（被害ドメインと信頼関係にある全ドメインも対象）。	最優先
82	根絶	AD	オブジェクト	侵害発覚後、ADサーバを再起動している	高
83	根絶	AD	オブジェクト	(1) ADのレプリケーションメタデータ取得結果（ADTimelineなど）より、攻撃手口の一つDCShadow（ADオブジェクトの改ざん）が行われていないことを確認できている。 (2) DCShadowで攻撃が行われても事象の追跡ができるよう、Secuirtyイベントログ ID：4929（DS アクセス⇒詳細なディレクトリ サービス レプリケーションの監査）、および ID：4662（DS アクセス⇒ディレクトリ サービス アクセスの監査）を取得し、該当ログを長期間別サーバにバックアップ保存可能な状態にしている。	高
84	根絶	AD	オブジェクト	(1) 全てのドメインアカウントに意図しないSIDHistory属性が追加されていないか確認できている。 (2) (1) で意図しないSIDHistory属性が追加されたアカウントが確認された場合、該当アカウントを無効化または削除できている。 (3) (1) で意図しないSIDHistory属性が追加されたアカウントが確認された場合、該当アカウントを利用して不正ログオンが行われた機器は全て隔離・保全できている。	高

目的	備考
(1) 攻撃者が窃取したアカウントを悪用して、クラウド上のリソースを不正利用することを防止するため (2) 不正設定が残存していることで、攻撃者の再侵害につながるリスクを根絶するため	
(1) 攻撃者が窃取済みのアカウント情報や不正設定を悪用して、再侵害するリスクがあるため (2) ADが再侵害された場合、再び攻撃者が該当ドメイン環境で任意の操作が可能になり、組織に深刻な影響をおよぼすリスクがあるため	
高権限アカウントを攻撃者に悪用されることを防止するため	参考URL ▶ └ドメイン環境下で管理者権限をもつアカウント一覧を抽出するスクリプト https://gallery.technet.microsoft.com/scriptcenter/AD-account-Audit-find-bfcc60db └ドメイン環境下でローカル管理者権限をもつユーザアカウントを一覧表示するスクリプト https://gallery.technet.microsoft.com/Query-members-of-Local-d0f393a6
(1) 攻撃者に窃取されたアカウント情報が悪用されることを防ぎ、パスワードの安全性を高めることで、アカウントの再侵害リスクを低減するため (2) コンピュータアカウントの認証情報を悪用し偽造サービスチケットを発行する攻撃手口 (Silver Ticket) の悪用を防止するため (3) KRBTGTアカウントの認証情報を悪用し偽造TGTチケットを発行する攻撃手口 (Golden Ticket) の悪用を防止するため	・KRBTGTアカウントリセット後、Kerberos認証による再認証が必要になるため、アプリケーションサーバなどでは、再起動が必要となる場合があります。
攻撃者が、スケルトンキー(ADのメモリ上にバックドア用のパスワードを設定する) 攻撃手口を利用したことを考慮し、当該バックドアの利用を防ぐため、ADを再起動 (メモリ情報をクリアしバックドアの設定を削除) する必要があるため	
(1) 攻撃者が、DCShadow (偽ADになりすますことで正規ADのオブジェクトを改ざんする攻撃手口) を利用し、ADを侵害した可能性を考慮し、確認する必要があるため (2) DCShadowが行われた日時や攻撃元機器の特定など、事象追跡に必要なログを取得し、またローカルのログが隠蔽のため攻撃者に削除された場合においても、バックアップログから長期確認可能な状態にしておくため	
(1) 攻撃者が、一般ユーザアカウントのSIDHistory属性に管理者権限を持つユーザのSIDを不正に付与し、権限昇格を行う攻撃手口が利用された可能性を考慮し、確認する必要があるため (2) 新規被害アカウントが確認された場合、該当アカウントが悪用され、攻撃者に再侵害されるリスクを低減するため (3) 新規被害アカウントが確認された場合、該当アカウントを利用して、不正ログオンされた機器がないか確認し、確認された場合は該当機器を隔離・保全する必要があるため	・SIDHistory属性有無を確認するコマンド例 Get-aduser -filter * -properties sidhistory | Where sidhistory

No.	フェーズ	メイン カテゴリ	サブ カテゴリ	確認事項	優先度
85	根絶	AD	オブジェクト	(1) GPOで意図しない設定変更が行われていないことを確認できている。 └例1：「暗号化を元に戻せる状態でパスワードを保存する」が有効になっていないか（既定では無効） └例2：タスクスケジューラのジョブや、ログオン・ログオフスクリプトに不正な自動起動設定が登録されていないか └例3：コンピュータアカウントのパスワード変更が無効化されていないか └例4：攻撃者が平文パスワードを窃取しやすいよう認証保護に係るレジストリキーが不正に変更されていないか (2) GPOの不正変更を迅速に判断可能なよう、クリーンな状態のバックアップ取得、および作業記録をつけている。 (3) (2) のデータを利用し、GPOの不正変更がされていないか定期的に監視している。	高
86	根絶	AD	オブジェクト	(1) AdminSDHolderのアクセス権に意図しないユーザアカウントが追加されていないか確認できている。 (2) (1) で意図しないユーザアカウント確認された場合、該当アカウントを無効化または削除できている。 (3) (1) で意図しないユーザアカウント確認された場合、該当アカウントを利用して不正ログオンが行われた機器は全て隔離・保全できている。	高
87	根絶	AD	オブジェクト	(1) 攻撃手口の一つDCSync（認証情報窃取）を行うために必要な権限が意図しないユーザに付与されていないか確認できている。 └DS-Replication-GetChanges：ディレクトリの変更のレプリケート └DS-Replication-Get-Changes-All：ディレクトリの変更をすべてにレプリケート └All extended rights：すべての拡張権利(DS-Replication-GetChanges と DS-Replication-Get-Changes-All を含む) (2) DCSyncで攻撃が行われても事象の追跡ができるよう、Secuirtyイベントログ ID：4662 (DS アクセス⇒ディレクトリ サービス アクセスの監査) を取得し、該当ログを長期間別サーバにバックアップ保存可能な状態にしている。	高
88	根絶	AD	オブジェクト	(1) ドメイン環境内の全機器において、意図しない委任設定の有効化がされていないか確認できている。 (2) (1) で意図しない機器が確認された場合、該当機器を隔離・保全できている。 (3) (2) で隔離・保全した機器を基点にして、新たに悪用されたアカウントや、横展開元・先の機器がないことを確認できている。	高
89	根絶	AD	オブジェクト	(1) ドメインへ参加しているコンピュータやkrbtgtアカウントの「ms-DS-Allowed-To-Act-On-Behalf-Of-Other-Identity」属性に意図しない値が設定されていないか確認できている。 (2) 意図しない設定が行われている機器が確認された場合、隔離・保全できている。	高

目的	備考
(1) 攻撃者が、組織内のセキュリティを弱体化させたり、マルウェアの自動配信や起動をさせることを目的として、GPOを不正に変更する可能性を考慮し、不正変更が確認された場合は正常化する必要があるため (2) GPOが不正に変更された場合、被害最小化のために迅速に検知・対応をする必要があるため	
(1) 攻撃者が、任意のユーザアカウントをAdminSDHolderのアクセス権に追加することで、そのユーザアカウントを利用し、不正に管理者権限アカウントの追加・削除などを行った可能性を考慮し、不正追加が確認された場合は正常化する必要があるため (2) 新規被害アカウントが確認された場合、該当アカウントが悪用され、攻撃者に再侵害されるリスクを低減するため (3) 新規被害アカウントが確認された場合、該当アカウントを利用して、不正ログオンされた機器がないか確認し、確認された場合は該当機器を隔離・保全する必要があるため	
(1) 攻撃者がDCSync（偽ADになりすますことで正規AD間でレプリケーションを行い、NTDS.DIT内の認証情報を不正に窃取する攻撃手口）を利用し、ADを侵害した可能性を考慮し、確認する必要があるため (2) ADに対し、DCSyncの攻撃兆候が確認された場合、迅速に検知し、攻撃元機器の特定や被害状況を確認するためのログを取得しておく必要があるため	・標準コマンドを利用しADオブジェクトのACLを確認するコマンド例 dsacls dc=example,dc=local ・Active Directory環境におけるアクセス権を一括して収集するツール「AD ACL Scanner」 https://github.com/canix1/ADACLScanner
(1) 攻撃者が、任意の機器の委任設定を不正に変更し、該当機器へアクセスした管理者アカウントのKerberos認証チケット（TGT）を窃取した可能性を考慮し、不正変更が確認された場合は正常化する必要があるため （※ADはデフォルトで委任設定が有効になっていますが、AD以外の機器は通常無効になっています） (2) 新規被害機器が確認された場合、該当機器を基点にして、攻撃者により再侵害されるリスクを低減するため	・委任設定が有効になっている機器一覧を表示するコマンド例 Get-ADComputer -LDAPFilter (userAccount Control:1.2.840.113556.1.4.803:=524288) 参考URL▶Active Directory：LDAP構文フィルター https://social.technet.microsoft.com/wiki/contents/articles/5392.active-directory-ldap-syntax-filters.aspx
(1) 攻撃者がコンピュータオブジェクトまたはKRBTGTアカウントの「ms-DS-Allowed-To-Act-On-Behalf-Of-Other-Identity」属性に不正に値を設定することで、攻撃対象とする機器に不正ログオンを行うリスクを低減するため (2) 意図しない設定が確認された場合、不正設定を是正するとともに、攻撃対象とされていた可能性のある機器を隔離・保全する必要があるため	・「msDS-AllowedToActOnBehalfOfOtherIdentity」属性に値が設定されているオブジェクトを確認するPowerShellコマンド Get-ADObject -LDAPFilter (msDS-AllowedToActOnBehalfOfOtherIdentity=*) -Properties msDS-AllowedToActOnBehalfOfOtherIdentity 参考URL▶Kerberos delegation: a new control path https://www.alsid.com/crb_article/kerberos-delegation/

No.	フェーズ	メインカテゴリ	サブカテゴリ	確認事項	優先度
90	根絶	AD	オブジェクト	(1) ADオブジェクトに対し、意図しないアクセス権 (ACL) が付与されたアカウントがないことを確認できている（例：一般ユーザアカウントにドメイン管理者グループへの書き込み権限が付与され、任意にアカウントを追加・削除可能な状態になっていないかなど） (2)(1)で意図しないユーザアカウントが確認された場合、該当アカウントのACLを正常化できている。 (3)(1)で意図しないユーザアカウントが確認された場合、該当アカウントを無効化または削除できている。 (4)(1)で意図しないユーザアカウントが確認された場合、該当アカウントを利用して不正ログオンが行われた機器は全て隔離・保全できている。	高
91	復旧	通信	インターネット	(1) 既知C2など不正通信先をブラックリストに登録・遮断し、ログから通信を試みている機器がないことを監視できている (2) 侵害されたアカウント・機器の特定、正常化が完了している（例：RAT削除、パスワード変更など） (3) OS、アプリケーション、利用機器・装置 (VPNやAV管理サーバなど) に脆弱性が無いことを確認している	最優先
92	復旧	通信	VPN	(1) 許可した機器からのみ接続を許可している（例：電子証明書による接続機器制御など） (2) 接続元機器にEDRなどを導入し、安全性を常時確認している (3) VPN装置の脆弱性に対し迅速にセキュリティアップデートできる (4) アクセスログを取得している (5) 2要素認証を導入している	最優先
93	復旧	アカウント	不正利用防止	(1) ドメインアカウントの正常化が完了している（例：全ユーザパスワード変更、アカウント再作成、権限昇格などの不正変更がないことを確認済） (2) 各ADでドメイン管理者アカウントのログオン状況・不正利用を定期的に監視できている (3) 必要最低限のローカル管理者、ドメイン管理者アカウントで運用できるようアカウントの棚卸しを行っている (4) ローカル管理者アカウント管理にLAPSまたは同等のアカウント管理の仕組みを導入している	最優先
94	復旧	エンドポイント	クライアント/サーバ	(1) 被害機器は原則継続利用不可のため（特に管理者権限で侵入された場合）、初期化できている（初期化困難な場合は、接続元制限、監視強化、既知IoC・TTPsの痕跡排除） (2) OS、アプリケーション、ウイルス対策ソフトのパターンファイルのセキュリティアップデートを最新状態に保てる (3) 推奨されるイベントログの取得、およびログの長期保管ができている（ログオン、プロセス作成の監査など） (4) 不審な挙動を監視・検知できる仕組みを導入している（例：EDR）	最優先
95	復旧	EDR	環境	これまで特定された侵害のうち、EDRで検知されないものがある場合、カスタムルールを作成・適用して、アラート検知可能なよう設定している。	最優先
96	復旧	クラウド	不正利用防止	(1) ログオン可能なIPアドレスや機器などを制限している (2) 侵害されたアカウント・環境の正常化が完了している（例：パスワード変更、メール転送設定、権限変更など） (3) 監査ログを取得し、かつ高権限アカウントの利用状況に関しては定期的に監視している（意図しない設定変更など） (4) 2要素認証を導入している	最優先

目的	備考
(1) 攻撃者が、ADオブジェクトに対して、不正なアクセス権を任意のアカウントに付与し、該当アカウントを悪用することで再侵害されるリスクを低減するため (2) 新規被害アカウントが確認された場合、該当アカウントの正常化を行う必要があるため (3) 新規被害アカウントが確認された場合、該当アカウントを利用して、不正ログオンされた機器がないか確認し、確認された場合は該当機器を隔離・保全する必要があるため	・標準コマンドを利用しADオブジェクトのACLを確認するコマンド例 dsacls dc=example,dc=local ・Active Directory環境におけるアクセス権を一括して収集するツール「AD ACL Scanner」 https://github.com/canix1/ADACLScanner
既知の不正通信先、被害機器・アカウント、および脆弱性を利用して攻撃者が再侵入するリスクを低減するため	
攻撃者が外部から組織内に侵入するリスクを低減するため	
(1) 攻撃者によりアカウントを不正利用されるリスクを低減するため (2) 攻撃者に再侵入された場合でも、特に高い権限をもつアカウントの不正利用を迅速に検知し、被害拡大防止を行う必要があるため	
(1) 未知のマルウェア (RAT) が残存していた場合、攻撃者に再侵入されるリスクを低減するため (2) 攻撃者に再侵入された場合でも、不審な挙動を迅速に検知して被害拡大防止に繋げられる、また発生事象を追跡し原因や影響範囲の特定を行う必要があるため	
同様の攻撃手口で再侵害された場合、アラート検知可能なよう設定しておくことで迅速にインシデントに気づき、適切な初動対応に繋げる必要があるため	・EDR選定時に、カスタムルールとして設定可能な項目・粒度などを確認しておくことが望ましいと言えます。
攻撃者によりクラウドサービスへの不正サインイン、不正操作を防止するため	・統合的なログ取得・監視について、Azure Security CenterとAzure Sentinelを利用する方法もあります。 参考URL▶ Azure Security Center と Azure Sentinel を使用したハイブリッド セキュリティの監視 https://docs.microsoft.com/ja-jp/azure/architecture/hybrid/hybrid-security-monitoring

おわりに

　本書は、ラック サイバー救急センターのメンバーで執筆いたしました。

　サイバー救急センターでは、サイバー攻撃被害に関する相談を24時間365日の体制で受け付けています。2006年から現在までに4000件以上の被害相談を受け、緊急対応サービスとしてランサムウエア攻撃などのサイバー攻撃に関する対処方法のアドバイス・原因調査などを提供してきました。

　これらの調査で蓄積したノウハウでサイバー攻撃を事前に防ぐことができないかと考え、2018年にマネージドEDR（Endpoint Detection and Response）サービスの提供を始めました。EDRのアラートを監視し、アラートが発生した際の調査を行うサービスです。防犯ベルが発報した際に現場に駆け付けるサービスのオンライン版と考えていただければいいと思います。

　EDRは、標的型ランサムウエアのように組織内部に深く侵入する高度な脅威を検知し迅速に対応するためのものですが、アラートの内容を見ても攻撃手法や端末に関する知識が無いと、実際の攻撃なのか利用者の操作を誤って検知したのかを判断できません。サイバー救急センターのマネージドEDRサービスでは、これまでの様々な調査に関する知見を活かして侵入を早期に検知し、お客様の安全を確保しています。

　従来のコンピューターウイルスは、ウイルスが持つ指紋のような特徴をウイルス対策ソフトで見つけることによって対処してきましたが、コンピューターシステムの弱点を探して侵入するランサムウエアの攻撃には対応しきれません。マネージドEDRサービスの利用が広がれば、ランサムウエアだけでなく多くのサイバー攻撃の被害を減らせるのではないかと期待しています。

2022年5月、日経BP様から本書執筆に関するお話をいただき、一人でも多くの方にサイバー救急センターがこれまでに得た知見をサイバー攻撃の防御策や実際に攻撃を受けてしまった際の対応方法に役立てていただこうと、我々で執筆することになりました。

　本書の執筆にあたって、協力いただいたラック社員メンバー、企画・編集をしていただいた日経BPの皆さまに深く御礼申し上げます。特に日経BPの松原様には我々の拙い文章を何度も添削していただき非常に読みやすい文章にしていただいた上に、仮想ドキュメンタリー全文を執筆していただきました。仮想ドキュメンタリーは、読者の皆さまにランサムウエア被害に遭った場合のイメージを掴んでもらうためには非常に重要な部分ですが、我々には執筆のハードルがとても高く悩んでいたところ、松原様が引き受けて執筆してくれました。深く感謝しております。

　微力ながら本書が少しでも安全・安心なサイバー空間確保に貢献できることを祈念して筆をおきたいと思います。

著者紹介

株式会社ラック

URL：https://www.lac.co.jp/

ラックは、システムインテグレーションとサイバーセキュリティーの豊富な経験と最新技術で、社会や事業の様々な課題を解決するサービスを提供しています。創業当初から金融系や製造業など日本の社会を支える基盤システムの開発に携わり、近年ではAIやクラウド、テレワークなどDX時代に適した最新のITサービスも手掛けています。また、日本初の情報セキュリティーサービス開始から25有余年にわたり、国内最大級のセキュリティー監視センターJSOC、サイバー救急センター、脆弱性診断、ペネトレーションテストやIoTセキュリティーなど、常に最新のサイバー攻撃対策や事故対応の最前線に立ち、情報セキュリティー分野のリーディング企業としても成長を続けています。

サイバー救急センター

ラックのサイバー救急センターは、サイバー攻撃や情報漏えいなどが発生した企業や団体を救済するサービスを提供しています。1年間の救済に出動する件数は400件を超え、これまで4000件を超える事故に対応してきました。事故発生時には、電話などによる相談対応を行い、緊急対応が必要な場合には専門のコンサルタントを派遣し、原因を確認する追跡調査、緊急的な対策、対外コミュニケーションのあり方までもサポートします。さらには、事故が治まってからの総合的なサイバーセキュリティー対策の提案も行っています。ラックの様々なサイバーセキュリティー対策サービスで得た知見を共有することで、国内でも有数のサイバー事故救急サービスをお届けしています。

佐藤 敦 (さとう あつし)

元千葉県警察サイバー犯罪特別捜査官。法執行機関および監査法人にて、サイバー犯罪事件捜査、企業内不正調査、デジタル・フォレンジック調査、e-Discovery業務に従事。2017年ラック入社。
2019年よりサイバー救急センター フォレンジックサービスグループマネジャー。
2017、2018年セキュリティ・キャンプ全国大会講師。2019年サイバー犯罪に関する白浜シンポジウム セキュリティ道場講師。CISSP、情報処理安全確保支援士(第001406号)、公認不正検査士。
第1章、第2章担当、全体監修

漆畑 貴樹 (うるしばた たかき)

2018年 東京大学大学院理学系研究科天文学専攻博士課程修了。博士（理学）。
同年ラック入社。CDNおよびクラウドWAF製品のプリセールス業務に従事後にWAFの運用管理およびポリシー設計業務に従事。
2021年よりサイバー救急センターにてコンピュータフォレンジック調査員としてインシデント対応業務に従事。GCFE、情報処理安全確保支援士（第019530号）。
第3章担当

武田 貴寛 (たけだ たかひろ)

2016年 中央大学総合政策学部卒業。
同年ラック入社。セキュリティー監視センターJSOCにてアナリスト業務に従事。
2017年、日本サイバー犯罪対策センター（JC3）にてマルウェア解析やログ解析、解析基盤の構築に従事。
2019年よりサイバー救急センターにて脅威情報取集・マルウェア解析に従事。
PACSEC、AVAR、HITCONの海外カンファレンスに登壇経験あり。GREM。
第4章担当

古川 雅也 (ふるかわ まさや)

2018年 会津大学大学院コンピュータ理工学研究科博士前期課程修了。
同年ラック入社。サイバー救急センターにてネットワークフォレンジック、他社CSIRT支援、コンピュータフォレンジック調査に従事。
2021年より同センターにてマネージドEDRサービスにおけるアナリストを担当。
GCFE、情報処理安全確保支援士（第022885号）。
第5章担当

関 宏介 (せき こうすけ)

2005年 東京工業大学生命理工学部卒業。同年ラック入社。2008年からインシデント対応業務、フォレンジック技術を使用した情報漏えい事件の調査・対策支援などに従事。
2021年よりサイバー救急センター長。2021年農林水産省最高情報セキュリティアドバイザー。セキュリティ・キャンプ全国大会やデジタル・フォレンジック研究会の講師として後進の育成にも取り組んでいる。CISSP、GCFA、情報処理安全確保支援士（第003706号）。
全体監修

ランサムウエアから会社を守る
身代金支払いの是非から事前の防御計画まで

2022年11月21日　第1版第1刷発行

著　　　　者	株式会社ラック
	佐藤 敦、漆畑 貴樹、武田 貴寛、
	古川 雅也、関 宏介（監修）
発　行　者	戸川 尚樹
発　　　行	株式会社日経BP
発　　　売	株式会社日経BPマーケティング
	〒105-8308
	東京都港区虎ノ門 4-3-12
装　　　幀	Oruha Design（新川春男）
制　　　作	マップス
編　　　集	松原 敦
印刷・製本	図書印刷